KB119445

티타임에 쓰이는
앤티크 실버웨어 이야기

티타임에 쓰이는 앤티크 실버웨어 이야기

초 판 1쇄 2022년 08월 26일

지은이 김지은
사진촬영 백종찬
펴낸이 류종렬

펴낸곳 미다스북스
총괄실장 명상완
책임편집 이다경
책임진행 김가영, 신은서, 임종익, 박유진

등록 2001년 3월 21일 제2001-000040호
주소 서울시 마포구 양화로 133 서교타워 711호
전화 02) 322-7802~3
팩스 02) 6007-1845
블로그 http://blog.naver.com/midasbooks
전자주소 midasbooks@hanmail.net
페이스북 https://www.facebook.com/midasbooks425
인스타그램 https://www.instagram/midasbooks

© 김지은, 미다스북스 2022, *Printed in Korea*.

ISBN 979-11-6910-059-5 03590

값 17,500원

Antique Silverware

티타임에 쓰이는
앤티크 실버웨어 이야기

김지은 지음

홍차 연구가가 알려주는 앤티크 실버웨어의 모든 것

미다스북스

한 모금 마시고 입안에 계속 머금고 싶을 정도로 그 향을 간직하고 싶었던 대만에서의 오룡차. 한낮 기온 40도가 웃도는 날씨에 투명한 유리잔에 찻잎을 넣고 뜨거운 물을 부어, 땀을 뻘뻘 흘리며 마셨던 중국 저장성에서의 녹차. 지나가는 장대비를 흠뻑 맞고 추위에 벌벌 떨면서 티백에 다진 생강을 넣어 마신 스리랑카에서의 진저 티. 적당히 달고 부드러워 아침마다 졸린 눈을 비비며 마셨던 영국에서의 밀크 티. 새하얀 입김이 눈에 보일 정도로 추운 겨울날, 곱디고운 자사호에 진하게 우려 주셨던 다도 선생님의 보이차. 푸짐하게 점심과 함께 즐겼던 하이 티. 여름 감기 걸리면 마시라고 선배님이 주셨던 오래 묵은 백차. 분위기 좋은 호텔 라운지에서 예쁘게 입고 달콤한 디저트와 함께 즐기는 애프터눈 티.

이 책을 읽고 계신 분들에게도 소중한 추억이나 간직하고 싶은 물건이 하나쯤은 있으리라 생각합니다. 저에게는 어머니가 주신 삼베 보자기가 그런 물건입니다. 무더운 여름철, 삼베 보자기로 음식을 덮어두면 쉽게 상하지 않습니다. 갓 찐 옥수수도 삼베 보자기로 덮어두면 상하는 일이 적습니다. 물론, 냉장고에 넣어두면 걱정이 없지만, 찬물보다 미지근한 물을 좋아하고 냉장고에서 꺼낸 과일보다 실온에 둔 과일을 즐겨 먹는 저에게는 참 유용한 물건입니다. 쓸 때마다 신통하기도 하고 어머니가 생각나서 오래 간직하고 싶은 물건 중 하나입니다. 누군가에게는 오래되고 낡은 물건으로 보일지라도 또 다른 누군가에게는 기쁨과 추억을 느끼게 하기도 합니다. 이 책에서 소개할 앤티크 실버웨어도 저에게는 그런 물건입니다. 세월의 흔적과 함께 지금 제 눈앞에 와 있다는 것에 신기하고, 가끔 지인에게 대물림된 물건의 사연을 들을 때면 '나도 언젠가 꼭 그렇게 하고 싶다'라고 다짐하기도 합니다.

20대에 차의 매력에 푹 빠진 이후 차를 마시는 것으로 하루를 시작합니다. 차는 단순히 마시는 음료에 불과하다고 생각했지만, 들여다볼수록 넓디넓은 세계가 펼쳐져 있다는 걸 알게 되었습니다. 티 세레모니를 시작으로 역사와 문화뿐만 아니라 음식과 도자기 등 여러 분야와 관련이 있다는 것에 지인은 차를 종합 예술이라고 표현합니다. 이토록 매력적인 차에 빠져 지내던 어느 날, 앤티크 실버웨어를 만나게 되었습니다. 앤티크 실버웨어에도 차 도구가 존재한다는 걸 알게 된 순간, '왜 이걸 미처 생각하지 못했을까?' 하면서 또 다른 즐거움에 빠져들기 시작했습니다.

세계 최초의 차에 관한 책이자 차의 경전이라고 불리는 중국 당대唐代 618-907 육우陸羽, 733-804의 『다경茶經』에서도 차에 관련된 도구를 소개했습니다. 차를 만들 때 필요한 도구와 차를 마실 때 필요한 그릇에 대해 각각 이지구二之具와 사지기四之器장에서 설명했습니다. 이렇게 당대 차 도구의 종류와 외형 등을 살펴보며 우리는 차가 어떻게 만들어졌으며, 차를 어떻게 마셨는지 등 당시의 차 문화사를 유추해볼 수 있습니다. 서양 차 문화도 마찬가지입니다. 영국 앤티크 실버웨어 차 도구를 통해 서양 차 문화사를 바라볼 필요가 있다고 느꼈습니다.

실버웨어Silverware 란 은으로 만든 제품을 가리킵니다. 은기銀器, 은제銀製, 은제품, 은 공예품 등 다양한 단어가 있지만 '은식기'라는 단어가 영롱하고 온화하게 느껴져 도자기로 만든 차 도구보다 더 이끌렸습니다. 그래서 이 책에서는 차 도구 중에서도 은으로 만든 영국의 오래된 차 도구만을 다뤄보았습니다.

서양에서 생겨난 차 도구는 동양의 차 도구와는 느낌이 사뭇 다릅니다. 로코코, 신고전주의, 아르누보 등 예술 양식의 영향을 받았으며, 실버스미스의 뛰어난 기량으로 서양 차 도구만의 아름다움과 화려함까지 갖추게 되었습니다. 이러한 서양 차 도구는 시대를 거치면서 차의 보급과 함께 새로운 차 도구를 출현시켰습니다. 그리고 새로운 차 도구의 등장은 기존 차 도구의 쇠퇴 및 발전을 이끄는 요소가 되었습니다.

차와 실버웨어의 문화에 있어, 영국을 중심으로 포르투갈과 네덜란드 그리고 프랑스는 연관성을 띱니다. 포르투갈 공주인 캐서린 브라간사는 찰스 2세와 혼인하면서, 영국 궁정에 차 마시는 문화를 소개하였습니다. 네덜란드는 중국차를 수입하여 영국 및 유럽 국가에 재수출할 정도로 전성기를 누렸으나, 18세기부터는 그 주도권을 영국에게 빼앗겼고 점차 쇠퇴하였습니다. 그리고 영국 실버웨어 역사에 새로운 숨을 불어넣은 프랑스의 위그노까지. 이 모든 것의 중심에 영국이 있었습니다.

하나의 문화가 어떤 나라로부터 다른 나라로 전파되는 과정의 그 이면에는 종종 흥미로운 이야기가 숨겨져 있곤 합니다. 차가 동양에서 영국으로 전해졌을 때와 위그노 실버스미스가 영국으로 망명했을 때 그리고 두 문화가 만나 영국만의 차 문화와 아름다운 차 도구가 탄생했을 때도 그러했습니다.

17세기 중국에서 차는 계층을 막론하고 누구나 즐기는 음료였습니다. 하지만 영국의 차 문화는 차라는 새로운 요소에 영국 상류층의 정신적, 물질적인 풍요로움이 더해져 완성되었습니다. 그리고 차는 실버웨어와 함께 상류층의 부를 과시하기 위한 수단이 되기도 하였습니다. 지금의 시각에서는 사치로 여겨질 수 있지만, 그들이 누렸던 방식은 영국만의 새로운 차 문화를 열었습니다. 그리고 차는 중국과 마찬가지로 영국 전 국민에게 전해져 누구나 즐길 수 있게 되었습니다. 바로 귀족층에서 시작된 파이브 어 클록 티5 o'clock tea가 호텔 라운지에서의 애프터눈 티Afternoon tea가 된 것처럼 말입니다.

흥미로운 이야기가 담긴 영국의 앤티크 실버웨어로 차의 세계를 들여다보자는 취지에서 시작한 이 책의 내용은 4년 간 써온 나의 일기장이자 정리 노트입니다. 앤티크 실버웨어에 대해서 우리나라에는 아직 잘 알려지지 않았고 그에 대한 정보가 부족한 점이 너무나도 아쉬웠습니다. 그 래서 차와 앤티크 실버웨어에 관심 있는 분들을 위해, 그리고 이 두 가지 문화가 널리 알려졌으면 하는 마음에서 책을 썼습니다. 그러나 미술이나 예술 방면의 전문 서적은 아님을 먼저 밝힙니다. 차를 마시고 앤티크 실 버웨어를 사용해보면서 느낀 점을 썼고, 그 속에 담긴 역사와 문화 및 디 자인 등을 찾아보면서 알게 된 정보도 기록하였습니다.

우리만의 편견에서 벗어나 앤티크 실버웨어가 장식품이 아닌, 그 오래 됨의 가치가 차와 함께 생활 예술로 사용되길 바랍니다. 앤티크는 그 존재 만으로도 전통과 함께 살아 숨 쉬고 있다는 것, 그리고 사용하면 할수록 그 가치는 더욱 빛을 발한다는 것을 많은 분들께 알려드리고 싶습니다.

이 책에 도움을 주신 분들께 감사의 인사를 전하고자 합니다. 먼저, 많 이 부족한 초고였음에도 제게 선뜻 손을 내밀어주신 미다스북스의 류종렬 대표님과 명상완 실장님, 이다경 편집장 및 관계자분들께 진심으로 감사 드립니다. 아름다운 사진이 나올 수 있도록 장소를 협찬해주신 켄싱턴호 텔 설악 관계자분들께도 감사드립니다. 또한, 집필 과정 내내 많은 도움을 주었던 대학원 선배님과 동기들에게도 감사의 인사를 전하고 싶습니다.

엄마 공부하라고 방문을 닫아주던 두 돌 아들도 큰 힘이 되었습니다. 마지막으로 이 길을 선택한 순간부터 적극적인 지원과 응원을 아끼지 않 았던 부모님과 가족들에게 이 책을 바칩니다.

LONDON. 1760s. 실버스미스 불분명.

가장 아끼는 실버 티스푼.
18세기경 실버 티스푼 디자인 중 하나로
새나 꽃 등을 볼에 세공하기도 했습니다.

Contents

Part 1. 차 이야기

Part 2. 티타임에 쓰이는 앤티크 실버웨어

Antique Silverware

Part 1

Antique Silverware

> # 차
> # 이야기

티타임에 쓰이는 앤티크 실버웨어 이야기

LONDON. 1780s. 실버스미스 불분명.

티 캐디에 담긴 녹차와 실버 캐디 스푼.

Antique Silverware

01

차(茶, TEA) 이야기

일상다반사

'늘 있는 흔한 일'을 가리키는 말인 '일상다반사日常茶飯事'라는 단어 속에는 茶를 마시고 밥을 먹는 일이라는 뜻이 담겨 있습니다. 밥을 먹고 茶를 마시는 일은 일상이라는 겁니다.

우리가 살면서 '매일 겪는 7가지의 문제들'을 가리켜 개문칠건사開門七件事라고 합니다. 이 말의 유래는 중국 송대宋代, 960-1279로 거슬러 올라갑니다. 그 7가지는 당시 생활에 꼭 필요한 필수품을 가리키는 것으로 쌀, 간장, 소금, 땔감, 기름, 식초, 그리고 차가 포함되었습니다. 생활에 있어 쌀이나 소금만큼 차가 필수였다는 뜻입니다.

첫 이야기는 서양에서는 금만큼 비싸고 귀했던 TEA지만, 중국에서는 필수였고 흔했던 茶입니다.

차는 일명 대항해 시대라고 일컫는 신항로 개척이 이루어졌던 15세기부터 18세기까지의 세계사에 빼놓지 않고 등장하는 세계 상품 중 하나입니다.

세계 상품이란, 국제적으로 널리 유통되었던 상품을 가리킵니다. 차가 세계 상품이었다는 것만으로도 당시 세계사에 끼쳤던 영향력이 지대했음을 짐작해볼 수 있습니다.

2012. 11. 대만 아리산.

맑은 날씨를 만나기 쉽지 않은 대만 아리산.
빼곡히 심어져 있는 차나무는 새순으로 가득합니다.

2018. 05. 스리랑카 우바 지역.

맨 손으로 찻잎을 따는
티 플럭커(TEA PLUCKER)가 있기에,
우리는 맛있는 차 한 잔을 즐길 수 있습니다.

차는 차나무*의 잎과 줄기를 사용하여 만든 것으로, 차나무는 온난 다습한 기후에서 잘 자랍니다. 중국과 인도 그리고 스리랑카 등이 대표적인 차 생산국이며, 이 외에도 전 세계 40여 개국에서 차를 생산하고 있습니다.*

차가 처음으로 서양에 전해졌을 때는 서양인들은 차가 무엇인지 어떻게 마시는지 방법조차 몰랐습니다. 심지어 해로운 음료라는 소문과 악평까지 돌곤 했습니다. 서양에는 차가 존재하지 않았기 때문에 그러한 반응은 당연했습니다. 그러나 수많은 논쟁이 있을지언정, 중국에서 건너온 따뜻한 차 한 잔과 작고 뽀얀 차 도구를 본 이상, 서양인들은 쉽게 지나칠 수 없었습니다.

전 세계에서 사랑받는 음료, 대체 차는 무엇일까요?

---

* 차나무는 차나무과 동백나무속에 해당하며 학명은 카멜리아 시넨시스Camellia sinensis (L.)O.Kuntze입니다. 차나무 품종은 많지만 ISO국제표준화기구에 공식적으로 인정된 품종은 중국종과 아삼종입니다.

* 인도, 스리랑카, 케냐는 대표적인 홍차 생산국이며 동남아시아의 방글라데시, 베트남, 말레이시아 등에서, 아프리카의 탄자니아, 우간다 그리고 남미의 브라질과 아르헨티나까지 모두 차 생산국입니다.

티타임에 쓰이는 앤티크 실버웨어 이야기

2018. 05. 스리랑카 누와라엘리야 지역.

차밭에서 흰색 포대를 등에 짊어지고
찻잎을 따는 티플럭커들.

02

중국의 茶

차의 고향

차의 이야기는 중국 고대 전설상의 인물인 신농씨^{神農氏}*의 신화로 시작합니다.

이후 세계 최초의 차 전문 서적인 당대^{唐代, 618~907} 육우^{陸羽, 733~804}의 『다경^{茶經}』과 차를 만드는 방법인 제다법^{製茶法} 그리고 차를 마시는 방법인 음다법^{飲茶法}까지 모든 것이 지금의 중국에서 탄생하였습니다.

차는 중국 역사와 함께 시대를 거치며 제다법에 따라 녹차, 백차, 황차, 청차^{靑茶, Blue tea}*, 흑차^{黑茶, Dark tea}, 홍차^{紅茶, Black tea}*, 보이차^{普洱茶, Puer tea}로 종류를 나눕니다.

당대에는 육우의 다경에서 기록된 바와 같이 덩어리 차를 갈아 끓여 마시는 자차법^{煮茶法}으로 차를 마셨습니다.

송대에는 덩어리 차를 갈아 가루로 만든 다음에 물줄기의 힘을 이용하여 거품을 내서 마시는 점차법^{點茶法}으로 변화하였습니다.

그리고 명대^{明代, 1368~1644}에 이르러 현재와 같이 찻잎에 뜨거운 물을 부어

---

* 신농씨는 중화^{中華}민족의 시조 중 한 명. 불과 농경 그리고 의학의 신으로 잘 알려져 있으며, 차나무를 처음 발견한 것도 신농씨로 전해져 내려오고 있습니다.
* 청차는 다른 말로 오룡차^{烏龍茶, Oolong tea}라고도 합니다.
* 홍차는 우렸을 때 붉은 색을 띤다 하여 홍차^{紅茶}라고 하지만, 서양에서는 찻잎의 색이 검다 하여 영어로는 블랙 티^{Black tea}로 불리게 되었습니다.

우려 마시는 포차법(泡茶法)으로 음다법이 발전하였습니다.

향신료를 찾아 닻을 올렸다!

서양인들은 오래전부터 향신료에 매료되어 있었습니다. 이국적인 향기와 함께 음식의 맛을 돋우며 중독성을 일으킬 정도로 긴 여운을 남기는 향신료는 서양인들에게 있어 빠질 수 없는 교역품이었습니다.

신항로 개척이 시작되기 이전까지 서유럽과 향신료 생산지 사이에는 중개인의 역할을 하며 향신료 무역을 독점한 아라비아 상인이 있었습니다. 향신료는 주요 생산지였던 인도와 동남아권에서 시작하여 서쪽에 있는 유럽권에 도착하기까지 여러 번의 중개인을 거쳤습니다. 육로에 비해 교역량에 있어 효율성이 높았던 해로를 이용하는 것으로 점차 바뀌어갔습니다. 그리고 인도양을 중심으로 아라비아반도와 인도 및 동남아시아, 중국과의 교역이 오랜 세월 이루어졌습니다. 이 길이 해상 실크로드입니다.

서유럽의 국가에서는 이러한 유통과정으로 인해 향신료를 비싼 가격에 살 수밖에 없었지만 아라비아 상인에게 있어서는 엄청난 이윤을 남겨주는 효자 상품이었습니다.

점점 늘어가는 수요를 충족시키는 것과 동시에 새로운 시장을 직접 개척하고자 하는 의지가 맞물렸고 1498년, 향신료를 직접 찾아 나선 포르투갈 출신의 바스쿠 다가마Vasco da Gama로 인해 포르투갈-인도 항로가 열렸습니다. 이를 시작으로 영국과 네덜란드 등 서유럽국가들은 인도로 향했습니다. 이렇게 신항로 개척과 함께 서유럽국가들은 향신료뿐만이 아닌 면직물,도자기, 차 등을 쟁취하기 위한 치열한 경쟁을 시작했습니다.

Antique Silverware

03

서양에 전해진 TEA

1610년 녹차가 서양에 처음 소개됩니다. 차를 가져온 나라는 홍차의 나라라고 알려진 영국도 아니며 신항로 개척의 선두주자인 포르투갈도 아닙니다. 바로 네덜란드였습니다.

네덜란드는 포르투갈에 이어 17세기부터 강력한 상업 제국으로 성장하였습니다. 18세기경부터 영국에게 해양 주도권을 빼앗기기 전까지 화려한 전성기를 누렸습니다. 네덜란드는 국토가 해수면보다 낮은 지형적 특성 때문에 생활 환경이 열악했지만 유럽 대륙의 중심에 있다는 지리적인 이점이 있었습니다. 그래서 남·북유럽 교역에 있어 교두보 역할을 하였고 이탈리아 도시 국가와 마찬가지로 유럽의 중개상이라 불리던 무역의 중심지였습니다. 일찍이 상공업도 발달하였으며, 다른 유럽 국가와 달리 상공업을 천대하지 않는 풍조로 인해 금융업의 발달로까지 이어졌던 국가입니다.

포르투갈 리스본에서 주를 이루던 향신료 시장이 16세기경부터는 안트베르펜Antwerpen, 현 앤트워프에 지역으로 옮겨갑니다. 서유럽보다 북유럽에서 향신료를 더 많이 사용했기 때문에 안트베르펜이 중심이 되었습니다. 이를 계기로 네덜란드는 무역과 상공업의 국가로 한 단계 더 성장할 수 있었습니다.

이러한 상공업의 발달은 차츰 북쪽으로 이동하여 수도인 암스테르담까지 크게 발전하는 계기가 되었습니다. 상공업의 요충지가 되자, 유럽 대륙을 넘어 동양으로의 진출을 결심하고, 1602년에 세계 최초의 주식회사인 네덜란드 동인도 회사Vereenigde Oostindische Compagnie, VOC를 출범하였습니다. 동양의 물건들은 해로를 통해 유럽 무역의 중심지인 네덜란드 암스테르담에 도착하였고, 다시 프랑스와 영국 등 유럽 각국으로 재수출되었습니다.

영국에서 꽃피기 시작한 TEA

네덜란드 동인도 회사VOC가 수입한 차로 인해 1640년대부터 네덜란드 궁정에 차 마시는 문화가 시작되었습니다. 다른 유럽 국가에도 차가 전해졌지만, 영국에서 가장 많은 사랑을 받게 됩니다.

영국에서는 1650년대부터 커피를 판매하는 커피 하우스가 우후죽순으로 생겨났으며, 그중 몇몇 커피 하우스에서는 커피와 함께 차도 판매하기 시작했습니다. 영국 최초로 차를 판매한 커피 하우스는 토마스 걸웨이Thomas Garway a.k.a Thomas Garraway가 운영한 런던의 게러웨이즈 커피 하우스Garraway's Coffeehouse입니다. 1660년경부터 게러웨이즈에서는 차의 효능에 대해 홍보하면서 차를 판매하기 시작했습니다.

티타임에 쓰이는 앤티크 실버웨어 이야기

토마스 걸웨이는 당시 네덜란드를 통해 들여온 차 1lbs[파운드, 약 450g]를 6~10£[파운드]에 구매하였다고 합니다. 차를 우리는 법을 몰랐기 때문에 이 곳저곳에서 정보를 모아 차를 우리는 방법을 터득하였고, 커피 하우스에서 대량으로 미리 우려두었다가 한 잔씩 판매하였다고 합니다.

게러웨이즈에서 판매한 차 한 잔당 가격은 16~50s[실링, 1£=20s]로, 1662년 영국 런던의 메이드의 연봉이 3£ 정도였다는 기록과 비교해본다면 차 한 잔의 가격이 얼마나 비쌌는지 짐작할 수 있습니다. 맛은 어땠을지 궁금하지만 '맛보다는 그가 광고한 차의 효능을 믿으며 마시지 않았을까?'라고 짐작해봅니다.

영국의 커피 하우스는 남성들의 공간이었습니다. 법적으로 남성만 출입할 수 있도록 제한을 둔 것이 아니라 '커피 하우스 내에서의 흡연이 여성의 건강에 해롭다'라는 풍문이 있었기 때문입니다. 그래서 자연스레 여성보다 남성의 출입이 잦은 곳이었습니다.

그렇다면 여성들은 어디서, 어떻게 차를 즐겼을까요? 여성들에게 차 한 잔의 행복을 가져다준 사람은 바로 포르투갈의 공주이자 찰스 2세의 배우자인 캐서린 브라간사 왕비[Queen Catherine of Braganza]입니다. 캐서린 왕비는 칼럼에서 다시 만나보도록 하겠습니다.

영국은 초기에 왜 직접 차를 수입하지 않았을까?

차 학계에서는 서양으로 처음 가져온 차와 토마스 걸웨이가 산 차는 모두 네덜란드 동인도 회사VOC가 중국으로부터 수입한 것으로 보고 있습니다.

심지어 1600년 출범한 영국 동인도 회사British East India Company, BEIC가 처음으로 차를 산 것은 1664년으로, 네덜란드 암스테르담에서 중국차를 사 찰스 2세에게 선물하였습니다. 즉, VOC가 수입한 중국차를 BEIC가 산 겁니다.

BEIC는 VOC를 통해 차를 사면서까지 직접 수입하지 않은 이유는 무엇일까요?

첫 번째 이유는 17세기 중반까지 중국의 불안정한 정세로 인해 무역이 간접적으로 이루어졌기 때문입니다. 영국뿐만 아니라 서양 국가들도 상황은 마찬가지였습니다.

두 번째 이유는 당시 네덜란드가 영국에 비해 해상에서는 우세하였고, 18세기 초반까지는 VOC가 인도 및 동남아시아의 향신료 주요 생산지와 유럽 내에서 무역권까지 거머쥐고 있었기 때문입니다. 또한 네덜란드가 향신료 무역권 쟁취를 위해 영국인과 일본인 그리고 포르투갈인을 살해한 1623년 암본 학살 사건의 영향도 컸습니다.

그래서 BEIC는 향신료 생산지에서 밀려나 초기에 인도 수라트^{Surat}에 상관^{商館}을 두고 인도 면직물인 캘리코^{Calico} * 를 주로 수입하였습니다. 1687년부터는 캐서린 브라간사 왕비가 가져온 지참금^{持參金}인 인도의 봄베이^{Bombay, 현 인도 뭄바이}로 BEIC의 상관을 이전하였습니다. 캘리코 수입과 면직물 생산에 집중하면서 인도와의 무역은 점차 확대되었습니다.

그렇다면 VOC는 어떻게 중국차를 수입해서 다른 국가로 재수출했을까요?

먼저, 중국인 또는 아시아인이 중국에서 차와 비단 그리고 도자기 등을 배^{정크, Junk}에 싣고 바타비아^{Batavia, 현 인도네시아 자카르타}에 도착합니다. 명대부터 시작된 외국과의 교역을 금지하는 해금^{海禁}정책이 청대^{淸代, 1636~1912}에 접어들어서도 1684년까지 지속되었기 때문에 이러한 물건들은 몰래 거래했다고 볼 수 있습니다. 당시 바타비아는 향신료 무역에 있어 서양 국가들 사이에서 중요한 곳이었으며, 해상무역에 앞서 있는 VOC의 주요 활동 지역이었습니다. 바타비아에 도착한 중국 물건은 본국인 네덜란드로 전해졌습니다. 그리고 유럽 각국에 재수출되었으며 이때, 영국도 네덜란드를 통해 차를 수입하였습니다.

---

* 인도는 면직물의 종주국으로 이미 기원전 3천년전부터 면직물을 제조하였습니다. 인도의 면직물은 중국, 중동 그리고 유럽으로 전파되었습니다. 캘리코는 옥양목을 가리키는 것으로 인도 코지코드^{Kozhikode}의 옛 영어식 지명인 캘리컷^{Calicut}에서 유래하였습니다.

영국 동인도 회사는 언제, 어떻게 차를 수입하였을까?

네덜란드 동인도 회사^{VOC}가 간접적으로 차를 수입했던 방법으로 영국 동인도 회사^{BEIC}도 중국차를 수입했습니다. BEIC는 대리인을 통해 1667년에 중국차를 주문하였고, 주문한 차는 반탐^{Bontam, 현 인도네시아 반텐}에 도착했습니다. 이 차는 다시 2년 뒤인 1669년, 영국 런던에 도착했습니다. 이것이 바로 BEIC가 처음으로 직접 주문하여 산 중국차였습니다. 이후, BEIC는 인도 수라트와 마드라스^{Madras, 현 인도 첸나이}를 통해 중국차를 계속 수입하였습니다. 이후, 청은 1684년에 해금 정책을 폐지하고 대외 무역을 위해 해관^{海關} 즉, 일종의 세관을 설치하였습니다. 상하이^{上海}의 강해관^{江海關}, 닝보^{寧波}의 절해관^{浙海關}, 샤먼^{廈門} * 의 민해관^{閩海關}을, 1685년에는 광저우^{廣州}의 월해관^{粵海關}까지 총 네 곳에 해관을 설치하여 대외 무역을 시작했습니다. 이때부터 영국의 중국차 수입은 원활하게 이루어졌습니다. 1690년대 이전까지 만해도 BEIC가 동양에서 수입한 차는 1%도 채 되지 않았으나, 1717년에는 7%를 차지했습니다. 그리고 1750년대에는 20%, 1760년대에는 무려 40%를 차지하면서 BEIC의 중국차 수입량은 점차 증가했습니다. 1760년대까지 BEIC가 수입한 중국차의 80% 이상이 영국 내에서 소비되었고, 나머지는 유럽 국가로 재수출되었습니다. 영국인들의 차에 대한 애정이 얼마나 깊었는지 추측해볼 수 있는 부분입니다.

---

* 영어권에서는 '아모이'라고 불리는 샤먼은 민남 방언의 '에모이'에서 서양인들에게 '아모이'로 전해졌습니다.

2019. 06. 영국 대영박물관.

1760-80년대 중국 경덕진에서 제작된 도자기 차통.
새하얀 바탕에 동양풍이 느껴지는 그림이 그려져 있습니다.

차를 좋아한 왕족들 :
캐서린 왕비, 메리 모데나 왕비, 메리 2세 여왕, 앤 여왕

차가 소개된 초기 영국의 궁정을 살펴보면 공교롭게도 왕비 또는 여왕이 차를 즐긴 이야기가 등장합니다. 영국에 차 마시는 문화를 전한 캐서린 브라간사 왕비에 이어 제임스 2세의 배우자인 메리 모데나 왕비 그리고 제임스 2세의 딸인 메리 2세 여왕과 앤 여왕까지 차를 즐겨 마셨습니다. 차가 처음 전해진 영국 궁정에서는 새로운 묘미를 하나씩 선보이면서 영국 차 문화는 정착했습니다.

캐서린 왕비가 차 마시는 문화를 영국 궁정에 전한 지 약 20년이 지난 1685년 찰스 2세^{Charles II, 재임 1660~1685}에 이어 동생 제임스 2세^{James II, 재임 1685~1688}가 왕위를 물려받습니다. 제임스 2세는 재혼 상대로 이탈리아 출신의 메리 모데나^{Mary of Modena}를 맞이합니다. 당시 인기였던 네덜란드식 신부 수업을 받고 결혼한 메리 모데나 왕비는 네덜란드방식으로 차를 마시는 방법을 영국에 소개하였습니다. 바로 잔 받침으로 차를 마시는 방법이었습니다. 먼저 잔에 차를 따른 후 잔에 있는 차를 다시 잔 받침에 부어 마시는 것으로, 뜨거운 차를 식혀가며 마시는 방법이었습니다. 당시 손잡이가 없는 찻잔인 티 볼^{Tea bowl}에 뜨거운 차를 들고 마시기는 쉽지 않아 고안해 낸 방법인 듯합니다. 이때, 소리를 내며 마시는 것이 매너였다고 합니다.

제임스 2세 다음으로 그의 큰 딸인 메리가 남편과 함께 공동 왕위를 계

승하였습니다. 메리 2세|Mary II, 재위 1688~1694|&윌리엄 3세|William III, 재위 1689~1702|의 시대
가 시작되었습니다. 메리는 프로테스탄트였던 네덜란드의 오라녜 빌럼 공
으로 잘 알려진 남편과 혼인하여 결혼 초기에는 네덜란드에서 생활하였습
니다. 부부는 함께 차를 즐겼으며, 메리는 중국 자기를 모방하여 만든 네
덜란드 델프트|Delft|도자기를 좋아했다고 합니다. 1688년 명예혁명 * 으로 영
국으로 건너와 공동 왕위를 계승했지만 메리 2세는 윌리엄 3세가 공석일
때만 정무를 보았다고 합니다. 그 외의 시간에는 궁정을 중국에서 들여온
도자기와 가구 등으로 꾸미는 것을 좋아하였고, 그런 그녀의 취향은 차 문
화와 함께 중국풍, 즉 시누아즈리|Chinoiserie| 열풍을 일으켰습니다.

1883년 발매된
더 그레이트 애틀랜틱&퍼시픽 차 회사
The Great Atlantic and Pacific Tea Company's의 기념카드.

독특하게 차를 마시는 방법을 전한 메리 모데나 왕비.
그녀가 알려준 방법은
200년이 지난 후에도 남아 있었습니다.

---

* 제임스 2세가 로마 가톨릭을 국교로 삼으려고 하자, 영국 의회는 이에 반발하였고 프로테스탄트 신자인 메
리 2세를 왕으로 추대했습니다. 이를 명예혁명이라고 합니다.

2019. 06. 켄싱턴 궁전.

켄싱턴 궁전에 있는 메리 2세 여왕의 소장품 중 극히 일부.
블루&화이트의 중국 도자기에 심취했던 그녀입니다.

티타임에 쓰이는 앤티크 실버웨어 이야기

언니와 형부에 이어 왕위를 계승한 제임스 2세의 둘째 딸인 앤 여왕 Queen Anne, 재임 1707-1714은 대식가로 잘 알려져 있습니다. 그녀는 아침에 버터를 바른 빵과 차를 즐기는 것을 좋아했다고 합니다. 호텔이나 영화에서 보면 조식에 버터 바른 빵이 항상 등장하는데 그 이유가 앤 여왕 덕분이 아닐까 싶습니다. 먹는 것을 좋아했던 그녀는 작은 티포트로 자주 우려 마셔야 한다는 점을 아쉬워했고, 결국 그녀가 좋아하는 과일인 배Pear를 본떠 실버 티포트의 제작을 의뢰하였습니다. 이후 앤 여왕의 실버 티포트는 귀족들 사이에서 유행하였고 '퀸 앤 스타일 실버웨어Queen Anne Style Silverware'로 불렸습니다. 이렇게 차는 새로운 문화를 일구면서 영국 궁정에서 기호 음료로 계속 사랑받았습니다.

차에 대한 부정적 시각, 가짜 차와 밀수 차의 성행에도 영국인에게 사랑받은 TEA

한편, 이 시기에 중국 푸젠성福建省 무이武夷산에서 새로운 제다법이 탄생하였습니다. 17세기 후반에 녹차를 만들던 중 장시간 내버려 둔 탓에 찻잎의 색깔이 변한 것입니다. 이것을 '보헤아Bohea *'라고 부르며 중국은 이제 녹차 다음으로 새로운 차를 선보였습니다. 보헤아 차의 우연한 발견은 이후 제다법 발전에 많은 도움을 주었습니다.

---

* 무이산의 '무이' 발음은 우이Wui로 서양인들이 이를 '보우히'로 불렀으며 후에는 '보헤아'도 같이 사용하게 되었습니다.

2019. 06. 빅토리아&앨버트 박물관.

아르데코 양식으로 제작된
커피&티 서비스 세트가 전시되어 있습니다.

티타임에 쓰이는 앤티크 실버웨어 이야기

중국에서는 새로운 차가 생산되고 있을 때, 영국에서는 차에 대한 뜨거운 토론이 이루어졌습니다. 약용으로 전해지며 새로이 들어온 동양의 음료, 당연히 의심할 수밖에 없습니다. 만병통치약처럼 커피 하우스에서 홍보하는 차를 긍정적인 시각으로 보는 사람들도 있었지만, 의심하는 이들도 생겨났습니다. 이는 곧, 논평의 주제로도 떠올랐으며 1730년 차 유해설이 나오면서 차 논쟁으로 발전해 『차론』이라는 책까지 출판되었습니다. 그러나 이러한 부정적인 시각이 있었음에도 차는 영국인들에게 계속 주목받았습니다.

그 사이 영국 동인도 회사BEIC는 1721년에 영국 내에서의 차 무역권을 독점하기 위해 네덜란드와의 차 거래를 금지했습니다. 그러나 BEIC가 차 무역권을 독점하면서 차에 대한 관세율이 점점 치솟았습니다. 해를 거듭할수록 관세율은 높아졌고, 당연히 찻값도 점점 올라갔습니다. 그러자 차를 마시고 싶어 하는 사람을 이용하여 가짜 차를 판매하는 사람도 등장하였고, 네덜란드와 프랑스에서 몰래 들어온 밀수 차까지 성행하였습니다.

청의 무역 제한과 영국내의 늘어난 차 소비량

청나라가 네 곳의 해관을 개방한 이후, 서양 국가들은 광저우를 제외한 상하이와 샤먼, 닝보로만 무역을 하기 위해 모여들었습니다. 이는 차 생산지와 근접해 있어, 광저우보다 더 저렴하게 수입을 할 수 있었기 때

2019. 06. 빅토리아&앨버트 박물관.

나무에 가죽을 붙여 만든 티 캐디 박스 안에는
은으로 만든 티 캐디가 들어있습니다.
차는 귀중품이었기 때문에 열쇠로 잠근 후 보관하였습니다.

티타임에 쓰이는 앤티크 실버웨어 이야기

문입니다. 그러나 청은 자국 내에서의 무역 불균형으로 인해 광저우가 쇠퇴할 우려가 있다고 판단했습니다. 다른 해관을 모두 폐쇄시키고 광저우에서만 무역이 이루어지면, 다른 지역까지 무역의 이익이 확대되리라고 생각했습니다.

그래서 청은 1757년부터 광저우에서만 교역할 수 있도록 통제하였습니다. 이것이 일명 일구통상一口通商인 광동 체제廣東體制, Canton System입니다. 자국을 보호하기 위함도 있었지만 외교에 있어서 충돌을 최소화하기 위해서 폐쇄적인 입장을 보인 겁니다.

한편, 영국에서는 차의 높은 관세율로 인해 BEIC의 차 판매량은 감소하였고 밀수 차는 날이 갈수록 심각성을 띠었습니다. 결국 영국 정부는 차의 관세율을 줄이기 위해 1784년 8월 감면법Commutation Act을 통과시켰습니다. 관세율이 119%에서 12.5%로 무려 1/10로 낮아진 겁니다. 이로 인해, 저렴한 가격에 차를 살 수 있게 되었으며 문제가 되었던 밀수 차와 가짜 차도 사라졌습니다. 또한, 감면법을 시행한 지 1년이 지난 1785년부터 영국 내의 차 수요가 폭발적으로 증가하였습니다. 이전까지 BEIC가 청나라로부터 수입한 품목 중 중국차는 약 70%를 차지하였고 1790년대 후반에는 무려 90%를 차지하였습니다. 뿐만 아닙니다. 광저우에서 중국차를 수입한 양을 다른 유럽 국가들과 비교했을 때 BEIC가 수입한 양이 전체 70% 이상을 차지했습니다.

연간 광저우로 향했던 선박의 수와 적재량에서도 차이를 보였습니다. 1780년대 이전까지는 연간 평균 적재량이 1척당 500t 미만이었던 선박이 평균 10척 미만 정도만 오갔습니다. 그러나 감면법이 시행된 이후에는 평균 적재량이 2배로 늘어난 1,000t으로, 그리고 선박의 수는 평균 20척으로 늘어났습니다.

중국차 수입량이 증가함에 힘입어 BEIC는 수입하는 차의 종류를 늘리기로 결심했습니다. 홍차류는 페코白毫, Pekoe, 소총小種, Souchong, 콩구工夫, Congou, 보헤아Bohea 등과, 녹차류는 싱글로Singlo, 하이슨Hyson 등으로 다양하게 수입하였습니다. * 그중 콩구는 1780년대 후반부터 BEIC가 수입하는 중국차 중에서 2/3를 차지하였고 주요 교역품이 되었습니다.

차는 어떻게 BEIC에게 전해졌을까?

1757년부터 1840년대까지 청과의 모든 무역은 광저우의 제한된 구역이었던 광둥십삼항廣州十三行에서만 교역을 할 수 있었습니다. 여기서 '항行, háng'이란 상점을 가리키는 것으로 '은행銀行'도 당시 화폐인 은銀을 취급하는

---

* 페코 : 어린 찻잎에서 보이는 새하얀 솜털인 백호白毫를 가리키는 말에서 유래.
* 소총 : 푸젠성에서 페코 다음으로 딴 찻잎으로 만든 홍차를 가리키는 것으로 소종小種의 영어식 발음.
* 콩구 : 제다과정에서 더 많은 공을 들였다는 뜻으로 잘 알려진 공부工夫차의 '공부'에서 유래.
* 싱글로 : 안후이성 송라산에서 생산되는 녹차의 일종. 송라松蘿의 영어식 발음.
* 하이슨:꽃피는 봄을 뜻하는 희춘熙春에서 유래한 단어로 그 종류를 어린 찻잎Young Hyson 또는 큰 찻잎Hyson으로 구분하였습니다.

상점이라는 뜻에서 생겨난 단어입니다. 십삼항은 초기에는 서양과 무역하는 '13개의 항'이라는 뜻이었지만 이후부터는 항의 개수와 무관하게 지명으로 불리게 되었습니다. 중개업자인 아항牙行으로 이루어진 십삼항은 이후 1760년에 정식 상인 길드로 인정받으며 서양 국가와의 무역권을 독점하였습니다. 항은 그에 따른 세금을 납부하였지만, 양국 간의 요구사항이나 소통도 항을 통해 이루어질 정도로 대외무역권에 대한 막강한 권한을 쥐고 있었습니다.

계절풍을 피해 광저우에 도착한 BEIC와 다른 서양 국가들은 이관夷館, Canton Factory이라는 국가마다 정해진 거류지역에서만 활동할 수 있었습니다. 민간인과의 일반 거래는 일절 금지되었고 항을 운영하는 주인인 항 상인을 통해서만 원하는 물건을 살 수 있었습니다.

서양과 가장 활발하게 거래되었던 품목인 차 중에 녹차는 저장성浙江省이나 안후이성安徽省에서, 홍차는 푸젠성福建省에서 생산되었습니다. 차 생산지에서 멀리 떨어진 광저우까지 차를 가져오는 것은 오랜 시간과 노력 그리고 운송시스템이 필수였습니다. 생산지로부터 광저우까지 먼 거리였기 때문에 차 생산자와 항 상인 사이를 담당하는 차 상인Tea man, 티맨이 있었습니다. 차 상인은 운송인을 통해 차 생산지에서 광저우까지 가져오게 합니다. 단, 해로로 차를 운송하는 것은 법으로 금지되었기 때문에 오

A view of the european factories at canton. Williams Daniell(1769-1837).
출처 : National Maritime Museum, Greenwich, London.

당시 중국과의 유일한 소통로였던 광둥십삼항.
항구 앞 건물에 서양 국가들의 국기가 꽂혀 있는 것이 보입니다.

티타임에 쓰이는 앤티크 실버웨어 이야기

로지 내륙으로만 운송해야 했습니다. 산과 육지에서는 짐꾼과 동물이, 강과 호수를 지날 때는 작은 배[Tea Boat, 티 보트]로 운송하였습니다.

광저우에 도착한 차를 차 상인은 항 상인에게, 그리고 항 상인은 다시 BEIC에게 차를 파는 방식이었습니다.

영국에서 마시는 따뜻한 차 한 잔은 오랜 시간과 많은 이들의 손길을 거쳐 전해진 겁니다.

아편 전쟁, 그리고 쇠퇴하는 청나라

사실, 영국은 1750년경부터 청과의 무역에서 적자가 늘어나기 시작했습니다. 그 이유는 영국은 수출품이 마땅히 없었고, 엄청난 양의 차를 오로지 은으로만 매입했기 때문입니다. 영국은 적자를 만회하고 은을 회수하고자 인도에서 아편을 생산하여 1790년부터 청나라에 팔기 시작했습니다. 아편을 거래하면서 영국은 은을 도로 거둬들일 수 있었습니다.

그러나 청은 아편으로 인한 사회적 문제가 대두되면서 아편 금지령을 선포합니다. 이에 반발한 영국은 청에 선전 포고하였고 결국에 전쟁으로 이어졌습니다. 1840년부터 1842년까지 약 3년에 걸친 아편 전쟁에서 패배한 청은 영국의 조건에 맞추어 여러 항구를 개방하였고, 광동 체제 또한 막을 내렸습니다. 그리고 청은 아편 중독이라는 심각한 사회문제를 안고 점차 쇠퇴해져갔습니다.

티타임에 쓰이는 앤티크 실버웨어 이야기

차가 가져다준 세계

영국은 역사적으로 아편이라는 어두운 면을 남겼지만, 시간이 지날수록 경제와 문화 등 여러 분야에서 찬란한 시선을 한 몸에 받으며 대영제국으로 성장합니다. 그 배경에는 차 문화와 함께 발전한 영국산 도자기가 있었습니다.

1740년대부터 첼시Chelsea, 보우Bow, 우스터Worcester, 더비Derby 등 영국 내에서 국산 도자기 회사가 생겨났습니다. 잘 알려진 웨지우드Wedgwood 회사도 1759년에 창립되었습니다.

영국만의 독특한 도자기인 연질자기軟質磁器* 인 본차이나Bone china* 가 스포드Spode에 의해 실용화된 것도 이 시기입니다. 일반 경질자기硬質磁器* 보다 강도가 2.5배인 본차이나는 티포트부터 찻잔 등 다양하게 생산되었습니다. 그뿐만 아니라 핸드페인팅이 아닌 전사지법* 이 1784년부터 시작되어 도자기의 가격은 더 낮아졌습니다. 영국 도자기는 영국 모든 국민이 차를 즐길 수 있게 저렴한 가격에 판매되었고 차의 보급을 한층 더 앞당겼습니다.

---

* 연질자기 : 자기의 종류 중 하나.
* 본차이나 : 동물의 뼛가루를 30%이상 넣어 만든 연질자기의 종류 중 하나로 골회자기骨灰磁器라고도 합니다.
* 경질자기 : 자기의 종류 중 하나로 카올라이트Kaolinite라는 유리질 성분이 함유된 점토가 재료로 사용됩니다.
* 전사지법 : 종이에 인쇄한 그림을 도자기 표면에 전사轉寫하는 방식.

영국 도자기를 대표하는 웨지우드(왼)와 스포드(오).

2019. 06. 스포드 박물관 Spode Museum Trust.

웨지우드의 크림웨어와 스포드의 블루&화이트 도자기는
영국 도자기 발전에 많은 영향을 끼쳤습니다.

차 생산지의 확대와 문화의 확산

중국에서는 녹차와 홍차 외에도 다양한 차가 생산되었으나, 차에 관련된 정보와 제다법은 기밀에 부쳐져 있었습니다. 차에 대한 영국인들의 애정은 깊어만 갔고 결국 애정이 넘친 나머지 정보를 캐내기 위해 시도합니다. 이때, 스코틀랜드 출신의 식물학자였던 로버트 포춘Robert Fortune, 1812~1880이 변발로 변장해, 몰래 청나라로 들어갔습니다. 갖은 방법을 이용하여 1843년부터 약 3년에 걸쳐 제다 기술을 기록하였고 차나무 묘목도 훔쳐 영국으로 보냈습니다. 로버트 포천이 보낸 차나무는 현 인도의 다르질링Darjeeling 지역에 새로이 자리를 잡았고 1852년부터 다르질링 지역에서 상업 다원茶園* 이 생겨났습니다.

우리가 잘 알고 있는 인도 아삼차Assam tea의 탄생 배경에는 브루스 형제의 노력이 있었습니다. 인도 아삼 지역에서 자생하고 있던 차나무를 형인 로버트 브루스Robert Bruce가 발견하였고, 뒤를 이어 동생인 찰스 브루스Charles Bruce가 많은 시행착오 끝에 아삼차를 탄생시켰습니다. 당시 중국차만을 오로지 '차'라고 인정했던 영국으로부터 아삼차는 1838년에 정식으로 인정받았습니다.

---

* 다원 : 차나무를 재배하는 밭.

2018. 05. 스리랑카 캔디 지역.

캔디 지역에 위치한 제임스 테일러의 다원 입구.
그가 자주 앉아 쉬던 자리와 방갈로,
티 팩토리가 남아 있습니다.

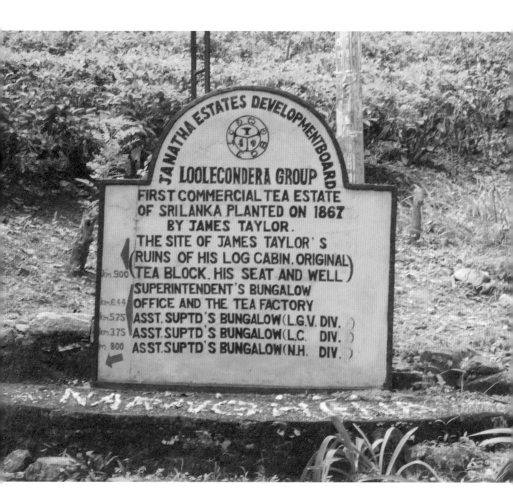

인도에서의 차 생산이 성공적으로 이루어지자, 아삼 지역의 차나무는 스리랑카로 옮겨가 실론 * 티Ceylon tea를 완성했습니다.

스코틀랜드 출신의 제임스 테일러James Taylor, 1835~1892에 의해 아삼 지역의 차나무는 스리랑카에 심어졌습니다. 그리고 캔디 지역에 있는 제임스 테일러의 다원인 룰레콘데라Loolecondera에 심은 아삼 차나무는 1867년에 재배에 성공했습니다. 이로써 아삼과 다르질링 다음으로 실론 티가 탄생한 것입니다. 영국이 몰래 빼돌린 정보와 차나무는 인도와 스리랑카를 비롯하여 더 많은 지역에 전해졌고 차의 역사는 새로운 막을 열었습니다.

차 생산지의 확대는 생산량의 증가와 더불어 생산 기술의 발달로 이어졌습니다. 찻값은 더 저렴해졌으며 1800년대 중후반부터는 영국 전 국민이 차를 즐길 수 있었습니다. 또한, 영국에서는 1830년대 초반부터 시작된 술 대신 차를 마시자는 절대 금주 주의와 1800년대 중반 파이브 어 클록 티 그리고 1890년대에 하이 티High tea * 등과 같은 새로운 문화도 생겨났습니다. 이렇게 차는 하루 6번의 티타임을 가질 정도로 차 온도만큼이나 뜨거운 애정을 보여주는 영국인들의 국민 음료로 자리를 잡았습니다.

---

* 실론 : 스리랑카의 옛 이름.
* 하이 티는 애프터눈 티와 다르게 이른 저녁시간대에 식사와 함께 차를 즐기는 것을 가리킵니다.

티타임에 쓰이는 앤티크 실버웨어 이야기

영국 스털링 실버 트래블 티세트 Travel tea set.

야외에서 또는 여행지에서 차를 즐기기 위해 제작된
영국 스털링 실버 트래블 티세트.
케이스 안에는 작은 티포트와 밀크저그, 슈가 볼, 티스푼 6개와
슈가 텅이 들어 있습니다.

2. THE TEA SAMPLE IS INFUSED IN BOILING WATER.

3. THE INFUSIO... ...TAKING INTO ACCOUNT THE COLOUR.
   AROMA, ...

...INTO HIS MOUTH WITH LOUD
...INFUSION WITH OXYGEN.
...UE AND PALATE TO ASSESS
...AND FULLNESS.

문득 수색이 맑고 향긋한 차 한 잔이
생각나지 않으세요?

2018. 05. 스리랑카 캔디 지역.

차 시음을 준비하는 티 팩토리(Tea factory) 직원.
스리랑카에서는 티 팩토리마다 차를 맛볼 수 있어,
차를 좋아하는 사람들에게 추천하고 싶은 여행지입니다.

Part 2

Antique Silverware

티타임에 쓰이는
앤티크 실버웨어

티타임에 쓰이는 앤티크 실버웨어 이야기

앞 : LONDON. 1750s. 실버스미스 불분명.
뒤 : LONDON. 1896. Josiah Williams&Co.

티스푼은 핸들(Handle, 사진 왼쪽 끝)과 볼(Bowl, 사진 오른쪽 끝)
그리고 그 사이를 연결하는 가장 긴 부분인 스팀(Steam, 중앙)으로 나뉩니다.
핸들은 이전까지 위로 향했으나, 18세기 중반에 접어들면서
위에서 아래로 향하게 제작되기 시작했습니다.

Antique Silverware

01

티스푼(TEASPOON)

겨울의 막바지에 접어들었던 2월의 어느 날, 차 한잔하자는 권유에 즐거운 마음으로 지인의 집으로 향했습니다. 도착하니 티 테이블에 따뜻한 차가 준비되어 있었습니다.

찻잔에서 김이 모락모락 피어오르는 걸 보니, 보는 것만으로도 따스함이 느껴졌습니다. 홍차가 담긴 찻잔에 설탕과 우유를 넣은 후, 잔 받침에 놓인 티스푼으로 설탕이 빨리 녹길 바라며 휘휘 저었습니다. 얼어붙었던 손끝에 유난히도 따뜻함이 느껴졌습니다.

처음 느껴보는 묘한 가벼움과 밀크 티의 따스함이 티스푼을 지나 손끝으로 전해진 겁니다.

그제야, 그 공간을 환하게 밝힐 정도로 반짝이는 테이블 위의 차 도구가 눈에 들어왔습니다. 순간, 제 눈을 의심했습니다. 매력적인 S 곡선을 가진 핸들과 정원의 꽃을 한가득 담은 듯한 세공이 눈부신 실버 티포트, 앙증맞은 손잡이에 새의 부리처럼 삐죽하고 튀어나와 있는 밀크저그, 도드라진 장미꽃 부조와 새하얀 설탕이 금사로 보일 정도로 금장과 조화롭게 어우러진 슈가 볼, 거기에 작지만 어떤 각도에서 보아도 난연한 티스푼까지, 모두 은으로 만든 차 도구였습니다. 생크림같이 입속에서 부드럽게 느껴지는 촉감과 새털처럼 가벼운 실버 티스푼이 반짝반짝 빛나고 있었고, 그 빛이 촛불처럼 일렁거릴 때마다 제 마음은 설레었습니다.

서양에서는 은으로 된 스푼이나 커트러리를 소유하고 있는 것은 부와 권력의 상징이었습니다. 은은 화폐와 같은 가치를 지닌 귀금속이었기 때문입니다. 나무로 만든 스푼이 사용되었던 시대에 '귀금속으로 만든 스푼'은 일반인들이 상상하기도 어려웠을 겁니다.

철이나 은 등 금속으로 만든 스푼은 14세기에 접어들어서야 등장했습니다. 그러나 실버 스푼이 등장했어도 가정에서는 고가의 실버 스푼을 연회에 사용할 만큼 충분한 개수를 갖출 수 없었습니다. 그래서 연회에 초대된 사람은 자신이 사용할 스푼을 따로 챙겨갔다고 합니다.

실버 스푼 중에서도 오로지 '차'를 위해 만들어진 실버 티스푼은 언제 처음 만들어졌는지 정확히 알 수는 없습니다. 영국에서는 1700년대 초반 실버 티스푼이 남아 있는 걸로 보아, 이 시기부터 본격적으로 실버 티스푼이 제작되었다고 볼 수 있습니다. 실버 티스푼은 차는 물론, 비슷한 시기에 유럽 대륙으로 들어온 커피나 초콜릿 음료를 마실 때도 사용되었다고 합니다.

당시에도 은은 여전히 귀했기 때문에 실버 티스푼은 여러 명이 있어도 한 개 또는 두 개만 스푼 트레이에 담아 테이블에 놓아두었습니다. 스푼 트레이는 티스푼을 사용한 후에 테이블을 더럽히지 않도록 해줄 뿐만 아니라 귀한 티스푼이 분실되는 것을 방지하기 위해 사용되었다고 합니다.

영국의 실버 티스푼은 볼록한 정도와 외형, 크기 등이 시대별로 조금씩 변화했을 뿐만 아니라, 다양한 패턴과 장식도 도입되었습니다. 여러 형태와 패턴으로 모으는 재미까지 있는 실버 티스푼은 당연히 홍차로 유명한 영국에서 가장 많이 찾아볼 수 있습니다. 그래서 '역시 홍차를 즐기는 영국답다'라는 생각이 드는 아이템 중 하나입니다. 티스푼 하나만 있다면 밀크 티나 레몬 티는 물론, 젤리나 아이스크림 등 디저트에도 충분히 사용할 수 있어서 앤티크 실버웨어 차 도구 중에서도 실생활에서 가장 유용한 아이템이라고 생각합니다.

홍차를 좋아한다면, 그리고 첫 앤티크 실버웨어를 마련하고자 한다면, 제일 먼저 권해드리는 것이 바로 티스푼입니다. 제가 처음 실버 티스푼을 만난 날처럼, 여러분도 귀한 손님에게 실버 티스푼을 함께 세팅해서 따뜻한 홍차를 대접해보면 어떨까요? 입술에 닿는 실버만의 감촉이 진한 홍차와 함께 오래도록 기억에 남을 티타임이 될 겁니다.

(왼쪽부터)18세기 조지앙 시대 스푼의 대표적인 형태인 하노버리안(Hanoverian)과 픽쳐 백(Picture back) 티스푼. 볼이 빅토리아 시대의 티스푼보다 볼록하지 않아, 디저트 스푼으로도 좋습니다.

티타임에 쓰이는 앤티크 실버웨어 이야기

좌 : SHEFFIELD. 1895. Atkin Brothers.
중앙 : SHEFFIELD. 1896. Atkin Brothers.
우 : LONDON. 1888. Robert Stebbings.

한 마리의 나비, 꽃, 식물을 새겨 티스푼 볼에 담았습니다.

좌 : SHEFFIELD. 1921. Joseph Rodgers & Sons.
우 : SHEFFIELD. 1904. Joseph Rodgers & Sons.

핸들을 피어스드 워크(Pierced work)로 제작한 티스푼.

티타임에 쓰이는 앤티크 실버웨어 이야기

SHEFFIELD. 1897. Lee&Wingfull.

붉은색 벨벳과 가죽으로 제작된 케이스에 담긴
루이 스타일의 6인용 티스푼과 슈가 텅 세트.

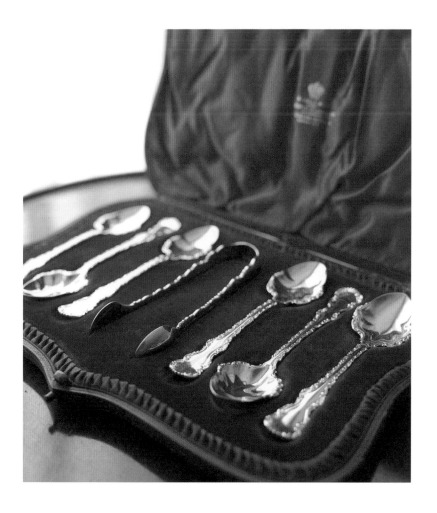

찻잔 위에 티스푼을 올려 두는 건 '그만 마시고 싶다'는 암묵적인 메시지.
지그재그로 세공된 브라이트 컷(Bright cut)은
흔히 볼 수 있으면서도 반짝반짝 빛나 매력적인 세공입니다.

티타임에 쓰이는 앤티크 실버웨어 이야기

볼은 조개를 본떠 만든 티스푼.
왼쪽 티스푼의 핸들은 영국에서 인기였던 온슬로우(Onslow) 패턴.

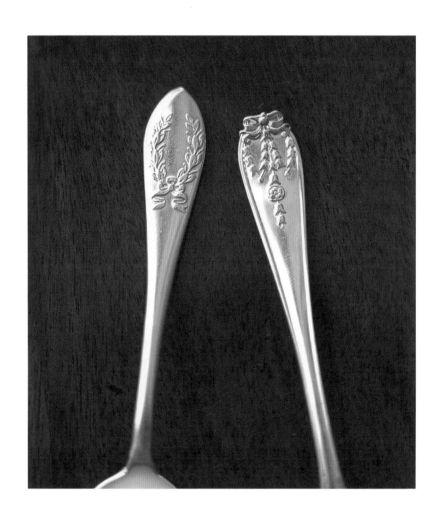

좌 : BIRMINGHAM. 1918. Charles Wilkes.
우 : LONDON. 1912. Josiah Williams & Co.

그리스 신화에 등장하는 '승리'를 상징하는
월계수가 있는 신고전주의 양식의 티스푼.

SHEFFIELD. 1887. James Deakin&Sons.

핸들과 볼은 브라이트 컷으로, 스팀은 트위스트로 제작된 6인용 티스푼 세트.
핸들에 주문자의 이니셜도 새겨져 있습니다.

Antique Silverware

02

티 캐디(TEA CADDY)

티 캐디는 차*를 보관하는 통 또는 상자를 말합니다.

차가 서양으로 전해질 때 어떻게 포장되었을까요? 먼저 작은 항아리에 차를 담습니다. 그리고 그 항아리들을 다시 큰 나무 상자에 담았습니다. 상자 안에서 항아리가 서로 부딪쳐 깨지지 않도록 중간 중간 충전재 역할을 하는 짚 등을 끼워 넣었겠지요. 차 항아리를 큰 나무 상자에 담은 이유는 배까지 실어 나르기 편했기 때문이 아닐까 싶습니다.

초기에는 중국에서 온 도자기로 된 차 항아리에 그대로 차를 보관했을 겁니다. 그래서 티 자 Tea jar 또는 티 보틀 Tea bottle 이라고 하였습니다. 티 자와 티 보틀은 항아리를 본떠 만들었기 때문에 이후에 등장하는 티 캐디보다 입구가 좁고 뚜껑이 있는 형태를 띠었습니다. 초기에는 은으로 제작되었고 1700년대 중반부터는 도자기로도 만들어졌으며, 티 캐니스터 Tea canister 라는 이름도 생겼습니다.

1700년대 초중반부터는 배로 실어 나른 큰 나무 상자에 빗대어 티 박스 Tea box 또는 티 체스트 Tea chest 라 하며, 마호가니와 같은 고가의 나무로 제작되었습니다 위대한 티 박스. 고가의 나무로 제작된 티 박스의 표면에는 은이나 에나멜 또는 상아 등으로 아름답게 장식하기도 했습니다. 티 박스는 한 칸 또는 두 칸으로 나누어진 제품도 있었으며, 유리로 된 슈가 볼이 들어 있어 설탕도 함께 보관이 가능한 티 박스도 인기였습니다.

또한, 차와 설탕이 들어 있는 티 박스에 자물쇠까지 만들어졌습니다.

이 시기부터 차 관세율이 점차 높아져, 찻값이 비쌌기 때문에 티 박스도 변화한 것으로 보입니다. 고가의 차를 몰래 마시거나 도난당하는 것을 방지하기 위해서, 열쇠는 주인이 보관하고 티 박스는 메이드가 관리하였다고 합니다.

티 캐디의 '캐디Caddy'는 1.33lbs파운드, 약 600g를 가리키는 근斤, Catty에서 유래했다고 합니다. 근은 중국에서 오래전부터 사용한 무게의 단위 중 하나로, 송대부터 1근 = 약 600g으로 거래되었습니다.

청대에 접어들면서부터 말레이시아와 베트남 등 동남 아시아권에는 화교가 많이 거주하였습니다. 당시 동남아권에서 간접적으로 중국차 무역이 이루어졌을 뿐만 아니라 광동 체제로 서양과의 교역이 활발했던 점도 미루어보면, 캐디의 유래가 근이라는 점이 유력하다고 볼 수 있습니다. 본격적으로 캐디라는 단어는 18세기 말부터 사용되었으며, 이때부터 티 캐니스터는 티 캐디Tea Caddy로, 티 박스는 티 캐디 박스Tea caddy box로 불렸습니다.

지금과는 달리 초기 실버 티 서비스 세트*에도 포함되었던 것으로 본다면 티타임에 빼놓을 수 없는 차 도구 중 하나였던 것 같습니다. 이런

---

* 실버 티 서비스 세트는 티 세트와 같은 의미로 일반적으로 티포트, 밀크저그, 슈가 볼을 가리킵니다.

점을 미루어보아 당시 티 캐디를 사용했던 목적은 크게 두 가지로 볼 수 있습니다. 첫 번째는 비싼 차를 습기와 벌레로부터 '보호'하기 위함이었고 그래서 밀폐도가 높은 티 캐디에 보관하였다는 것입니다.

두 번째는 '보여주기'의 목적으로 손님에게 차를 대접할 때 응접실에서 주인이 직접 티 캐디에서 캐디 스푼으로 차를 계량한 후 우려 주는 일련의 과정을 보여주기 위함이었습니다. 항해만 1년 넘게 걸려 머나먼 곳에서 온 물건이었기에 차와 차 도구가 그만큼 보기 드문 귀한 물건임은 당연했습니다. 그 과정을 보여주는 것은 손님에게 있어 특별한 경험이었을 겁니다. 그래서 비싸고 귀중한 차를 보관하는 티 캐디는 상류층만의 사치품으로 해석할 수 있습니다. 그러나 1800년대 중반부터 인도와 스리랑카에서도 차가 생산되면서 차의 보급과 함께 티 캐디를 놓고 주인이 직접 차를 우려주던 모습은 사라지고 메이드가 주방에서 우린 차를 응접실에서 즐기게 되었습니다.

LONDON. 1890. John henry Rawlings.

빅토리아 시대의 스털링 실버 티 캐디.
S 곡선과 리본, 플라워 가랜드로 포인트를 주었습니다.

BIRMINGHAM. 1894. George Nathan&ridley Hayes.

빼곡히 티 캐디를 둘러싸고 있는 세공의 아름다움.
제작자의 크래프트맨십^{Craftsmanship} * 이 여기에 담겨 있습니다.

---

* 크래프트맨십은 영어 크래프트^{Craft}에서 파생된 단어로 우리말로 직역하면 장인정신입니다. 그러나 엄밀히 말하면 예술적 창조성이 장인정신과 결합된 것을 크래프트맨십이라고 정의할 수 있습니다.

마호가니 티 캐디 박스

티 캐디 두 개와 슈가 볼이 들어있는
마호가니 티 캐디 박스.
귀한 차와 설탕은 이렇게 고이 보관되었습니다.

Antique Silverware

03

캐디 스푼 (CADDY SPOON)

캐디 스푼은 티 캐디에서 차를 꺼낼 때 사용하는 스푼입니다. 영국에 도착한 차 상자 속에는 조개껍데기가 함께 들어 있었으며 차를 퍼서 중량을 재거나 우릴 때 꽤 유용했다고 합니다. 그래서 이를 본떠 초기에는 조개shell, 셸 모양으로 제작되었다고 합니다. 그래서 티 셸Tea shell로도 불렸습니다.

또한 차가 서양에 들어온 초기에는 티 캐니스터를 주로 사용하였기 때문에 스푼은 차를 꺼내기 쉽게 핸들이 긴 형태로 제작되었을 것이라는 추측이 많습니다. 그래서 그 모양이 국자와 비슷했기 때문인지 '티 레이들Tea ladle'이라는 이름도 남아 있습니다.

본격적으로 캐디 스푼이라고 부른 시기는 앞서 티 캐디에서 설명한 바와 같이 '캐디'라는 단어가 18세기 말부터 사용되었기 때문에 그 이후부터입니다.

캐디 스푼은 실버는 물론이고, 금이나 진주 그리고 나무 등 여러 재료로 만들어졌습니다. 실버 캐디 스푼은 말발굽, 꽃잎, 나뭇잎, 도토리 등 모양도 다양했으며 18세기 후반부터는 티 캐디 안에 쏙 들어갈 수 있게끔 핸들이 짧은 캐디 스푼이 주를 이룹니다.

캐디 스푼은 '이 작은 스푼에 어떻게 이런 세공을 할 수 있었을까?'라며 감탄할 정도로 실버스미스의 솜씨가 돋보이는 실버웨어 중 하나입니다. 독창적인 디자인과 섬세한 세공은 도자기의 아름다운 색채와 또 다르게 금속인 은에서만 느낄 수 있는 아름다움을 발산합니다. 은으로 만들어진 다양한 디자인의 캐디 스푼은 수집욕을 불러일으킬 만하여 수집가들 사이에서도 인기 있는 품목 중의 하나로 손꼽힙니다.

좌 : BIRMINGHAM. 1816. Cocks&Bettridge.
우 : BIRMINGHAM. 1814. Joseph Taylor.

핸들부터 볼 형태까지 재밌는 일명 삽자루 캐디 스푼.
차를 퍼낼 때 마치 소꿉장난하는 듯한 기분이 들게 하는 아이템입니다.

셀 디자인은 시대를 거듭할수록 더 섬세해지고 정교하게 제작되었습니다.

꽃을 본떠 만든 캐디 스푼. 금장으로도 포인트를 주었습니다.
모두 1700~1800년대 초반 캐디 스푼.

SHEFFIELD. 1946. 실버스미스 불분명.

1797년에 처음 등장한 기수 모자 형태의 캐디 스푼.
1800년대 제품들은 인기가 많고 고가.
이 제품은 1820년대 William Eaton의 디자인을 재현한 제품으로 추정.

BIRMINGHAM. 1834. Gervase Wheeler.

약 150년전에도 티테이블 위에 이렇게 실버 티 캐디와 실버 캐디 스푼을 두고
화려하게 티타임을 즐기지 않았을까요?

홍차가 아니라 녹차!

VOC가 차를 서양으로 전한 1610년에는 녹차 제다법 외에 다른 제다법이 탄생하기 전입니다. 즉, 서양으로 처음 전해진 차는 홍차가 아니라 녹차입니다.

녹차와 홍차는 모두 같은 차나무 잎으로 만듭니다. 단, 녹차 또는 홍차에 적합한 차나무 품종은 있습니다. 품종을 제외하고 본다면, 녹차와 홍차의 차이는 만드는 방법인 제다법이 다릅니다. 이 제다법을 분류하는 가장 큰 기준은 산화효소의 활동량입니다. 차나무 잎에 있는 폴리페놀옥시다아제Polyphenol Oxidase, PPO라는 산화효소가 얼마나 활동을 했는가에 따라 차의 종류가 분류됩니다.

쉽게 표현하자면 껍질을 깎은 사과를 상온에 두었을 경우 점차 진한 노란색을 띠고 갈색에서 더 어두운 색을 띠는 것을 볼 수 있습니다. 바로 이것이 산화되면서 색이 변하는 겁니다. 차나무 잎도 마찬가지입니다. 제다과정에서 차나무 잎이 공기 중에 노출되면서 찻잎 속에 있는 산화효소와 만나 산화되기 시작하고, 차의 맛과 향 그리고 색에 영향을 줍니다.

찻잎에서 볼 수 있는 산화의 정도^{산화도}는 육안으로 구분될 정도로 처음에는 녹색을 띠고 점차 노란색 그리고 검붉은색으로 변합니다.

이렇게 만들어진 차의 종류에 맞게 적당한 색과 향이 난다면 일정 온도의 열을 가해 산화효소의 활동을 중지시킵니다. 차의 종류 중에 산화효소가 가장 적게 활동하여 산화도가 가장 낮은 차는 녹차입니다. 반대로 홍차는 산화효소가 가장 활발하게 활동하여 산화도가 가장 높은 차입니다. 이외에 산화도에 따라 백차, 황차, 청차, 흑차로 나닙니다.

녹차 외에 다른 차가 완성된 시기는 17세기 후반부터로 그 이후 차의 제다법이 하나둘씩 탄생하였습니다. 참고로 세계 최초의 홍차는 1851년 정화 홍차입니다.

티 볼? 슬롭 볼? 트리오는 무엇?

티 볼(TEA BOWL)

우스터(Worcester), 뉴 홀(New Hall) 등에서 제작한 티 볼과 잔 받침.
지금과 달리 잔 받침에 홈이 없습니다.

티 볼Tea bowl은 1700년대 중반부터 1800년대 초기까지 제작된 손잡이가 없는 찻잔을 말합니다. 서양인들이 중국에서 서양으로 들어온 중국 찻잔에 매료되어 모방하여 만들었습니다. 이후 커피 잔처럼 티 볼에도 손잡이가 생기면서 찻잔Tea cup이 등장하였고 티 볼은 점차 사라졌습니다.

중국에서 온 도자기는 잔과 접시였으나 서양인들은 접시를 잔 받침으로 사용하였습니다. 찻물 때문에 테이블이 더러워지거나 귀한 잔이 상하지 않게 접시에 받쳐 사용하였다고 합니다.

그래서 영국 도자기 회사들은 티 볼과 잔 받침을 세트로 제작하였습니다. 영국의 티 볼은 지름이 8cm 정도, 잔 받침은 약 13cm 정도입니다. 잔 받침의 중앙에는 잔을 놓는 홈이 없으며, 일반 잔 받침보다 깊은 것이 특징입니다. 앤티크 마켓에서 같은 디자인의 티 볼과 잔 받침 세트를 만나기는 쉽지 않습니다.

앤티크 마켓에서 거래되는 제품으로는 뉴 홀이나 우스터가 대표적이지만 제작 회사를 알 수 없는 제품도 많습니다. 초기 디자인은 버드나무 문양인 윌로우 패턴이나 중국의 찻잔과 비슷한 동양풍 패턴이 주를 이루었습니다. 지금의 찻잔보다 크기가 작은 티 볼은 차가 고가품이었고, 서양인들이 동양을 동경했다는 점이 보이는 대표적인 예가 아닐까 싶습니다.

언제 한번 티 볼을 만난다면, 꼭 한번 사용해보시길 바랍니다. 같은 디자인의 잔 받침이 있다면 또는 없어도 비슷한 패턴의 잔 받침을 디저트 접시로 사용하여 티타임을 해도 좋습니다. 티 볼에 녹차나 홍차를 따르고 잔 받침에는 맛있는 디저트를 담아 세팅한다면 독특함을 갖춘 티 테이블을 연출하실 수 있습니다.

슬롭 볼(SLOP BOWL)

우리나라 국그릇보다 크고 높이가 높은 슬롭 볼.

1700년대 중반부터 1800년대 초 중반에 제작된 티세트를 살펴보면 슈가 볼보다 크기가 큰 사발 형태의 그릇을 볼 수 있습니다. 앤티크 판매자들 사이에서도 슈가 볼이 두 개로 구성되어 있다고 설명할 정도로 혼동하기도 합니다. 이것은 슬롭 볼Slop bowl 또는 웨이스트 볼Waste bowl이라고 합니다.

슬롭 볼의 용도는 무엇이었을까요? 이름에서 알 수 있듯이 퇴수기退水器입니다. 맛있는 차를 우리기 위해서는 티포트를 따뜻하게 데우는 일부터 시작합니다. 그리고 난 후 예열한 물을 버릴 때 슬롭 볼에 버리는 겁니다. 또한, 잔에 남아 있는 찻잎 찌꺼기를 버리는 용도로도 사용되었습니다.

빅토리아 시대에 접어들면서 차는 주방에서 우려 응접실로 제공하는 형태로 바뀌어갔고, 티 스트레이너의 등장으로 인해 슬롭 볼은 점차 사라진 것으로 보입니다. 간혹 1900년대 초반에 제작된 티세트에서도 슬롭 볼을 만나볼 수는 있습니다.

비록, 찻잎 찌꺼기를 버리는 용도일지라도 저마다의 아름다움을 지니고 있습니다. 꽃 패턴에 맞추어 꽃을 꽂아 센터피스로 사용하는 것과 같은 다양한 활용을 통해 200년 세월의 앤티크 매력을 눈으로 즐길 수 있습니다.

초기 트리오(TRIO)

1700년대 후반(왼), 1800년대 초반(오) 트리오.
비교해보면 핸들과 잔 받침이 달라졌다는 걸 알 수 있습니다.

트리오^{Trio}란 잔과 잔 받침 그리고 디저트 플레이트를 가리킵니다. 그러
나 초기 트리오는 지금의 트리오와 구성이 조금 다릅니다. 잔 받침은 한
개에 잔은 두 개였습니다. 1600년대 중반에 유럽권으로 차와 커피가 비
슷한 시기에 들어와, 차와 커피를 동시에 즐기는 습관이 생기면서 잔이
두 개로 구성되었다고 합니다.

1700년대 후반 트리오의 구성은 티 볼과 손잡이가 있는 커피 잔 그리
고 잔 받침이었습니다. 1800년대에 접어들면서 커피 잔처럼 티 볼에도
손잡이가 생기면서 찻잔이 제작되었습니다. 그래서 잔 받침을 맨 아래

티타임에 쓰이는 앤티크 실버웨어 이야기

놓고 그 위에 찻잔과 커피 잔 순서로, 찻잔 위에 커피잔을 포개어 세팅하였습니다. 1800년대에도 잔 받침은 여전히 한 개였지만 잔을 안정감 있게 놓을 수 있는 얕은 홈이 생겼습니다. 트리오는 차 또는 커피를 선택할 수 있고 둘 다 즐길 수 있다는 이점이 있는 재미있는 차 도구입니다.

지금과 같은 트리오 구성은 빅토리아 시대에 설탕이 저렴해지고 디저트류가 발달하면서 잔은 두 개에서 한 개가 되었고 여기에 디저트 접시가 추가되었습니다. 흔치 않은 초기 트리오를 만나게 된다면 주저없이 차와 커피를 함께 즐겨보길 바랍니다.

Antique Silverware

04

티포트
(TEAPOT)

&

티 캐틀
(TEA KETTLE)

티포트(TEAPOT)

티포트는 차를 우릴 때 가장 필요한 아이템이자 없어서는 안 될 차 도구입니다. 중국의 찻주전자가 전해져 티포트로 변화하였으며, 당시 차와 함께 온 찻주전자는 현재 우리나라에서 사용하고 있는 다관과 비슷한 크기였습니다.

서양인들은 중국에서 온 작고 아름다운 찻주전자에 매료되었습니다. 중국처럼 아름다운 찻주전자를 만들고 싶었지만, 당시 서양에서는 얇고 뽀얀 자기를 만들 줄 몰랐습니다.

작센 지방Sachsen, 현 독일에서 요한 프리드리히 뵈트거Johann Friedrich Böttger, 1682~1719에 의해 어렵사리 경질자기 제조법이 완성되었고, 이렇게 마이센Meissen이 1710년에 탄생했습니다. 그러나 마이센의 경질자기 제조법이 누설되기까지 서양은 중국 도자기에 의존할 수밖에 없었습니다. 영국도 상황은 마찬가지였습니다. 영국에서는 연질자기인 본차이나가 만들어졌지만 1800년대에 실용화되기 전까지는 실버 티포트가 주로 사용되었습니다. 그래서 초기 도자기 티포트는 실버 티포트의 형태를 모방한 것이 많습니다.

비싼 은으로 제작된 티포트에 귀한 차를 우려 마신 점은 굉장히 호화롭게 즐겼음을 나타냅니다. 게다가, 1700년대 초중반에 실버스미스가 주

로 제작했던 품목이 차 도구였을 정도로 영국 상류층의 차와 실버웨어
차 도구에 대한 애착을 느낄 수 있습니다.

1784년에 낮아진 차 관세율은 차뿐만 아니라 차 도구의 수요도 증가시
켰습니다. 4인이나 6인이 즐길 수 있는 대용량의 실버 티포트도 제작되
었고 이렇게 큰 실버 티포트는 상류층의 부와 권력을 나타내는 상징물이
기도 했습니다.

평상시 아름다운 색채를 가진 도자기 티포트도 좋지만 저는 매번 실버
티포트가 유용하다고 말합니다. 첫 번째 이유는 도자기 티포트의 경우에
는 깨질 우려가 있어 씻을 때도 사용할 때도 조심스러울 수밖에 없습니
다. 실버 티포트는 변색의 걱정은 있으나 깨지거나 갈라질 일이 거의 없
습니다. 그래서 지금까지도 그 많은 실버 티포트가 영국에 남아 있다고
생각합니다.

두 번째 이유는 뛰어난 절수력입니다. 도자기 티포트도 절수력이 좋지
만, 실버 티포트의 절수력은 정말 놀랍도록 우수합니다. 차를 따르고 나
서 한 방울도 타고 흐르지 않게 만들어낸 기술을 보며 제작자인 실버스
미스에게 다시 한번 감탄하기도 합니다.

세 번째 이유는 모노크롬 색채가 특징인 실버 티포트를 하나만 소장해도
어떠한 색상의 찻잔과도 조화롭게 테이블을 장식할 수 있다는 점입니다. 바
로 이러한 점이 바로 앤티크 실버 티포트의 매력이 아닐까 싶습니다.

티 캐틀(TEA KETTLE)

티 캐틀은 차를 주로 마시는 응접실과 주방과의 거리가 멀었기 때문에 생겨난 차 도구입니다. 저택의 경우에는 주방은 지하에 위치하였고 손님을 맞이하는 응접실은 1층이었습니다. 그래서 주방에서 끓인 물을 티 캐틀에 담아 1층 응접실로 서빙하였습니다.

티 캐틀 하부에는 분리가 가능한 다리가 있으며, 그 사이에 램프가 달려 있습니다. 램프는 끓인 물이 완전히 식지 않게 적당한 온도를 유지해 주었습니다. 따뜻하게 유지된 티 캐틀의 물은 차를 우릴 때나 차의 농도를 조절할 때 사용되었습니다.

티 언Tea Urn은 18세기 중반에 등장한 티 캐틀과 같은 용도의 차 도구로 뷔페에서 볼 수 있는 음료 디스펜서와 유사한 형태를 지녔습니다. 초기와 다르게 1790년대 이후부터는 대용량으로 우린 차를 따뜻하게 유지해 주는 역할을 하였고 필요할 때마다 한 잔씩 마실 수 있어 유용한 차 도구였습니다. 이러한 점을 미루어보아 티 언은 관세율의 하락으로 차가 저렴해지자 용도가 변한 것으로 보입니다. 그러나 이것도 잠시, 티 캐틀에 사용되었던 비싼 연료 대신 저렴하고 냄새가 적은 캠포린Camphorine 연료가 19세기에 등장하면서 다시 티 캐틀이 인기를 끌었습니다.

LONDON. 1907. Goldsmiths&Silversmiths Co Ltd.

플루티드(Fluted) 패턴의 티 캐틀.
티 캐틀 하부에 달린 핀을 하나 빼서 기울인 후, 티포트에 물을 부어줍니다.

LONDON. 1835. J Wrangham&William Maulson.

장미와 아칸서스 잎으로 화려하게 세공된 조지앙 시대의 티포트.

티타임에 쓰이는 앤티크 실버웨어 이야기

LONDON. 1850. Edward, John William Barnard.

독특한 형태를 지닌 티포트. 제작자인 바너드만의 디자인입니다.
뚜껑 손잡이부터 아래까지 우아함을 갖춘 티포트입니다.

LONDON. 1796. Rorbert Hemell.

윌로우 패턴의 블루&화이트 찻잔과 조지앙 시대의 티포트.
1780년대부터 1810년경에만 티포트와 함께 제작되었던 티포트 스탠드.
영국에서만 보이는 티포트 스탠드는
티포트의 디자인과 형태에 맞게 제작되었습니다.

실버 트레이에 비친 모트 스푼. 모두 1700년대에 제작되었습니다.

모트 스푼의 송곳 같은 핸들과 주문 제작된 볼은
당시로서는 참신한 차 도구였을 겁니다.

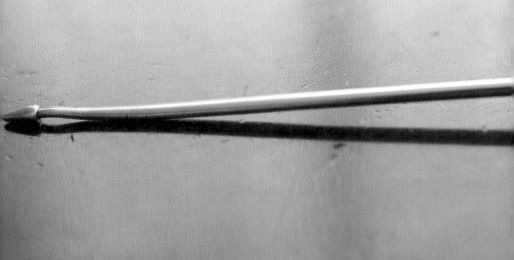

Antique Silverware

05

모트 스푼
(MOTE SPOON)
&
티 스트레이너
(TEA STRAINER)

영국의 실버웨어 중에는 흥미로운 것이 많습니다. 병상에 누워 있는 환자에게 약을 흐르지 않게 먹일 수 있게 만든 스푼이나 콧수염이 있는 남성들을 위해 콧수염이 젖지 않도록 수염을 보호해주는 스푼도 있습니다. 그리고 이번에 소개할 모트 스푼도 흥미로운 실버웨어입니다.

모트 스키머Mote skimmer라고도 하는 모트 스푼은 1600년대 후반에 등장하여 1700년대 중후반에 서서히 사라져버린 차 도구 중 하나입니다. 잠깐 등장하였다가 사라져 현존하고 있는 그 수가 많지 않습니다.

모트 스푼의 볼은 2가지 역할을 합니다. 첫 번째는 차를 우리기 전에 찻잎 부스러기를 걸러낼 수 있으며, 두 번째는 찻잔에 둥둥 떠 있는 찻잎을 건져낼 수 있습니다. 송곳 같은 핸들 끝은 티포트 스파우트Spout* 에 찻잎이 껴서 막혔을 때 뚫는 용도로 사용되었습니다. 초기 티포트 내부에는 찻잎을 걸러주는 필터 역할을 하는 여러 개의 작은 구멍이 없었고, 있어도 좁아서 잘 막혔기 때문입니다. 이러한 용도로 만들어졌기 때문에 먼지 또는 티끌을 의미하는 모트Mote라는 단어를 사용한 것으로 보입니다. 참으로 1석 3조의 역할을 하는 기발한 차 도구입니다.

모트 스푼이 제작되었던 시기는 실버웨어가 수공예로 제작되던 시대

---

* 스파우트는 티포트나 주전자 등의 주둥이 부분을 가리킵니다.

였습니다. 주문자가 원하는 디자인과 요구사항에 맞춘 주문 제작이었기 때문에 실버스미스만의 감각과 기량을 발휘하여 제작되었습니다. 그래서 언뜻 보기엔 비슷하지만, 유심히 살펴보면 각기 다른 모습을 하고 있습니다. 특히 모트 스푼의 볼 부분 디자인이 독특할수록 더욱 희소가치 있는 앤티크로 여겨지고 있습니다.

18세기 무렵에는 티 박스 안에 티스푼과 모트 스푼이 세트로 들어 있는 제품도 제작되었을 정도로 필수 차 도구였으나, 얼마 지나지 않아 티 스트레이너가 그 자리를 차지하였습니다. 모트 스푼과 다르게 찻잎을 제대로 걸러줄 수 있는 티 스트레이너는 다양한 형태로 등장했습니다. 티포트의 스파우트에 매달아서 사용할 수 있는 행잉Hanging 티 스트레이너 또는 스파우트 티 스트레이너가 먼저 선보였습니다.

지금까지도 우리가 사용하고 있는 형태의 티 스트레이너는 1800년대에 등장하였으며 핸들은 한 개에서 찻잔에 걸쳐 사용할 수 있도록 핸들이 두 개 있는 형태로 변화하였습니다.

이렇게 티 스트레이너의 형태와 사용법이 조금씩 달라진 것은 찻잎의 등급과도 관련 있다고 볼 수 있습니다. 중국 외에 차 생산지가 확대되면서 생산 방식도 변화하였습니다. 찻잎의 크기도 잎 차 형태인 홀Whole 타입 외에 파쇄된 형태인 브로큰Broken 타입이나 CTC 타입 * 으로도 생산되었습니다. 찻잎의 크기가 다양해지면서 티 스트레이너는 더욱 필요한 차 도구로 자리를 잡아갔습니다. 지금은 거름망이 있는 티포트나 티백으로 즐기게 되었지만, 정교하게 제작된 티 스트레이너는 존재만으로도 티 테이블에 선사하는 아름다움이 있습니다. 그래서 티 스트레이너는 캐디 스푼과 티스푼처럼 수집가들에게 많은 사랑을 받는 앤티크 실버웨어 차 도구 중 하나입니다. 티 스트레이너는 차를 우린 후 찻잔에 따를 때 자잘한 찻잎을 걸러주는 도구이자, 차를 마시는 이들에게 여전히 사랑받고 있는 차 도구입니다.

---

* CTC란, 찻잎을 눌러서 뭉개고Crush 찢어Tear 둥글게 마는Curl 제다 기계를 이용하여 만든 찻잎의 형태를 가리키는 것으로, 대표적으로 티백용 차에 많이 사용됩니다.

앞 : BIRMINGHAM. 1968. JB Chatter JB Chatterley&Sons Ltd.
뒤 : SHEFFIELD. 1911. Harrison Brothers&Howson.

핸들이 한 개 또는 두 개인 티 스트레이너와 홀더.
홀더까지 있는 티 스트레이너는 만나기 쉽지 않습니다.

찻잔에 둥둥 떠 있는 찻잎은 이렇게 모트 스푼으로.

LONDON. 1814. Thomas Phipps.

대부분 미국이나 프랑스 제품이 많은 행잉 티 스트레이너.
8년 만에 처음 본 영국 스털링 실버 제품입니다.
보리차, 둥굴레차 등 달인 대용차를 마실 때도 꽤 유용합니다.

LONDON. 1902. George Gray.

최근 티백의 환경문제로 인해 다시 떠오르고 있는 차 도구 중 하나인
티 인퓨저(Tea infuser). 열고 닫는 형태로 되어 있어 찻잎을 넣고 빼기가 편합니다.

Antique Silverware

06

애프터눈 티
(AFTERNOON TEA)
&
파이브 어 클록 티
(FIVE O'CLOCK TEA)

애프터눈 티는 1800년대 중반 빅토리아 시대부터 시작된 파이브 어 클록 티에서 유래하였습니다. 본래 오후 5시경에 차와 간식을 즐기는 것에서 비롯되었기 때문에 '파이브 어 클록 티Five o'clock Tea'라고 불렸습니다. 20세기에 접어들어 15~17시 사이에 즐기는 오후의 티타임을 가리켜 애프터눈 티Afternoon Tea로 정착하였습니다.

파이브 어 클록 티에는 실용적인 차 도구도 좋지만 우아함과 화려함을 갖추는 것도 중요했습니다. 도기陶器 * 보다 자기磁器 *를 우선시하였고, 실버웨어는 티 테이블의 분위기를 한층 더 자아내는 차 도구였습니다. 디너에서도 테이블 위의 실버웨어 개수에 따라 손님을 얼마나 환영하는지, 얼마나 중요한 손님인지를 짐작할 수 있었다고 합니다. 파이브 어 클록 티에 사용된 실버웨어 차 도구는 티 서비스 세트인 티포트와 슈가 볼, 밀크저그, 티 캐틀입니다. 그리고 차가 가득 담긴 티 캐디와 캐디 스푼 및 티 스트레이너까지 사용되었습니다.

티 캐틀은 메인 테이블에 놓거나 자리가 부족할 경우 보조 테이블에 놓습니다. 티포트와 밀크저그, 슈가 볼은 테이블에 놓되, 여주인의 손이 닿는 곳에 두었습니다. 여주인이 차와 우유, 설탕의 양을 손님에게 일일이 물어서 대접했기 때문에 손님이 직접 차나 우유를 붓거나 설탕을 넣

---

* 도기란, 약 1,000~1,250도에서 굽는 그릇으로 가마에서 2번 구워내는 것이 특징입니다.
* 자기란, 1,200~1,400도 정도에서 굽는 그릇으로, 도기와 다르게 투명도가 있으며 두드려봤을 때 맑은 음이 나는 것이 특징입니다.

는 행동은 하지 않는 것이 매너였습니다. 차는 부스러기가 없는 품질이 좋은 차로 준비해 두는 것이 가장 기본이었습니다. 실버웨어를 빛나게 해주고 조화롭게 세팅하고자, 테이블보는 새하얀 리넨이 가장 선호되었습니다. 마지막으로 맛있고 먹기 편한 티 푸드가 준비되었다면 손님을 맞이할 준비가 끝난 것입니다.

호텔 라운지나 티 룸에서 사용하는 2, 3단 케이크 스탠드는 19세기 후반에서 20세기 초반에 등장한 스리 티어 스탠드Three tier stand 또는 폴딩 스탠드Folding stand라고 하는 가구에서 변화하였다고 합니다. 이것은 높이가 약 80~90cm 정도가 되는 접이식 가구로, 초기에는 주로 정원이나 야외에서 사용되었습니다. 티타임을 위해서 생겨난 가구인지는 정확히 알 수 없으나, 영국에서 오래전부터 사용되었던 덤 웨이터 테이블Dumb waiter table에서 변형된 가구가 아닐까 하는 지극히 개인적인 생각입니다.

이러한 점을 보아, 파이브 어 클록 티에서는 접시 하나하나에 티 푸드를 담았다는 걸로 유추해볼 수 있습니다. 또한 티 룸에서는 각각의 접시에 음식을 담아 접시 세 개를 서빙하는 것보다 스리 티어 스탠드에 음식을 담아 한 번에 서빙하는 것이 훨씬 효율적이지 않았을까 생각됩니다. 그래서 스리 티어 스탠드는 보조 테이블로 사용되었다가, 테이블 위의 케이크 스탠드로 작게 제작되면서 지금과 가장 유사한 애프터눈 티가 완성되었습니다. 케이크 스탠드는 실버 외에도 도자기로 제작되면서 점차 필수 테이블웨어로 정착되었습니다.

호텔에서 즐기는
애프터눈 티세트.
다양한 디저트를
맛볼 수 있어서 즐겁습니다.

케이크 스탠드로 발전한
스리 티어 스탠드.
테이블과 의자의 높이에 맞아,
앉아서도 접시를 옮기기 편합니다.

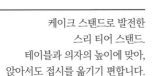

LONDON. 1890. Josiah Williams&Co.

애프터눈 티는 일상에서 빠질 수 없는 문화로 자리 잡았습니다.

LONDON. 1888. Martin, Hall&Co.

혼자도 좋지만 함께 하는 티타임은 차를 더욱 맛있게 느끼게 합니다.

LONDON. 1839. William Hewitt.

빅토리아 시대에 제작된 화려한 3종 실버 티세트.
디저트와 찻잔을 준비하고, 차를 우리는 준비와 기다림의 시간이 지나면,
차를 좋아하는 사람들과 함께 그 시간을 만끽하며
애프터눈 티를 즐길 수 있습니다.

차와 세 명의 여성

영국의 차 역사에 등장하는 세 명의 여성을 소개하고자 합니다. 신기하게도 각각의 여성들은 왕족과 귀족 그리고 미들 클래스 중 한 명이라는 겁니다. 그리고 그녀들은 차라는 소재 하나로 각 계층 여성들의 마음을 사로잡았습니다.

향신료와 설탕 가득, 차가 일상이었던
캐서린 왕비(Queen Catherine of Braganza)

'What are little girls made of?
(꼬마 숙녀는 무엇으로 만들지?)
Sugar and spice, and all things nice.
(설탕이랑 향신료, 그리고 모든 좋은 것들.)
That's what little girls are made of'
(꼬마 숙녀는 그렇게 만들어졌지.)

설탕과 사프란 그리고 차.

귀한 차에 값비싼 설탕을 넣고 지금도 고가인 사프란까지 넣어마신 캐서린 왕비.
고급 블랜디드 티를 마신 그녀입니다.

캐서린 브라간사Queen Catherine of Braganza, 1638~1705에게 영감을 받은 영국 동요의 일부분입니다. 캐서린은 아담한 키에, 넘치는 친절함과 강한 인내심을 가진 여성으로 평가받는 포르투갈 출신의 영국 왕비입니다.

1662년, 23살의 나이에 찰스 2세와 결혼한 캐서린은 영국 궁정에 차마시는 문화를 전한 여성입니다. 당시 포르투갈은 스페인으로부터 독립한 지 얼마 되지 않아 불안정한 상태였습니다. 포르투갈은 스페인을 견제하기 위해서 또 다른 힘이 필요했던 겁니다. 그래서 영국과 손을 잡는 조건으로 두 사람의 정략결혼이 맺어졌습니다.

포르투갈은 포르투갈-인도 항로를 개척한 이래, 약 100여 년간 해양제국이었습니다. 아프리카와 인도 그리고 일본까지 해로를 연결하였을 뿐만 아니라, 남미의 브라질까지 지구 반 바퀴를 바닷길로 개척한 나라입니다. 향료를 구하기 위해 인도로 떠났고 비단을 구하기 위해 중국으로 간 포르투갈은 중국 명나라로부터 1557년에 마카오에서의 교역권까지 획득했습니다. 그래서 포르투갈 궁정에는 언제나 새로운 곳에서 온 물건들과 부유함으로 넘쳐났습니다.

그런 포르투갈 궁정에서 차를 마시며 생활했던 캐서린은 지참금으로 설탕과 향신료를 한가득 싣고 영국에 도착했습니다. 포르투갈은 영국의 요구에 따라 포르투갈의 식민지였던 브라질에서의 자유 무역권을 주었습니다. 또한 인도 봄베이와 지금의 모로코 지역인 탕헤르를 양도하였습니다.

양도받은 두 곳은 후에 대영제국으로 발전하게 만든 발판이 되었습니다.

국교가 성공회였던 찰스 2세와 다르게 가톨릭이었던 캐서린 왕비는 낯선 땅에서 익숙하지 않은 언어까지 더해져 결혼생활이 순탄치 않았습니다. 그러나 캐서린 왕비를 가장 힘들게 했던 것은 종교의 차이와 타국 생활이 아니었습니다.

바로 남편에게 연인이 많다는 사실이었습니다. 남편과 가장 사이가 깊은 연인이자 아이까지 낳았던 바버라 팔마Barbara Palmer를 레이디 오브 더 베드체임버Lady of the Bedchamber * 로 곁에 두어야 할 정도로 가슴 아픈 일까지 있었습니다. 남편의 외도도 모자라 그 상대까지 가장 가까이해야 했던 캐서린의 마음은 오로지 차만이 달래주었을지도 모릅니다.

캐서린 왕비는 여러 차례 유산을 겪었고, 후사는 남기지 못했습니다. 찰스 2세의 외도에도 캐서린은 묵묵함을 지켰고 찰스 2세 또한 그녀를 많이 아꼈다고 합니다. 차를 영국에 처음 소개한 왕비로 '더 퍼스트 브리티시 티 드링킹 퀸The First British Tea Drinking Queen'이라 불리며, 역사에 남은 그녀는 30년이라는 영국에서의 생활을 끝내고 그리워했던 고국으로 돌아와 숨을 거두었습니다.

---

* 여왕 또는 왕비의 최측근이면서 개인적인 집무를 담당하거나 친구처럼 가깝게 지내는 등 다양한 임무를 수행했던 사람을 가리킵니다.

어릴 적부터 차를 즐긴
안나 마리아 러셀(Anna Maria Russell, Duchess of Bedford)

파이브 어 클록 티는 19세기부터 쭉 사랑받고 있는 차 문화 중 하나입니다. 영국에서 처음 시작된 파이브 어 클록 티의 이야기 속에는 항상 안나 마리아 러셀 베드퍼드 공작 부인Anna Maria Russell, Duchess of Bedford, 1783-1857이 등장합니다. 공작 부인은 어떻게 파이브 어 클록 티를 생각해냈을까요?

안나는 3세 해링턴 백작인 찰스 스탠호프Charles Stanhope, 3rd Earl of Harrington 와 제인 스탠호프Jane Stanhope 공작 부인 사이에서 둘째로 태어났습니다.

안나의 어머니인 제인은 샬럿 왕비Queen Charlotte의 레이디 오브 더 베드체임버1794-1818였습니다. 귀족 중에서도 아무나 될 수 없으며 극히 제한되어 있어 레이디 오브 더 베드체임버로 임명되는 것은 가문의 영광이었습니다. 그렇게 제인은 샬럿 왕비와 가깝게 지냈을 뿐만 아니라 조지 3세George III, 재임 1760-1820와 샬럿 왕비가 직접 해링턴 가로 방문하여 차를 마실 정도로 돈독한 사이였다고 합니다.

3살 많은 오빠인 찰스Charles Stanhope는 젊었을 때의 어머니처럼 패션 감각이 뛰어나 궁정 내에서도 패션의 선두주자로 유명했습니다. 조지 3세와 조지 4세George IV, 재임 1820-1830의 젠틀맨 오브 더 베드체임버Gentlemen of the Bedchamber로 조지 3세와 조지 4세를 가까이에서 모셨다고 합니다. 이렇게 안나 마리아의 집안은 궁정과 교류가 잦았고 18세기부터 가족 모두가 차를 좋아하여 즐겨 마신 걸로도 유명합니다.

안나는 결혼 후에 안나 마리아 러셀 베드퍼드 공작 부인이 됩니다. 그리고 50살이 넘은 중년의 나이에 18살의 어린 빅토리아 여왕Queen Victoria, 재임 1837~1901의 레이디 오브 더 베드체임버1837~1841로 임명되는 영광을 누립니다.

언제나 어디서나 국가를 막론하고 새로운 것을 가장 먼저 접할 수 있는 곳은 궁정입니다. 빅토리아 시대에 새로이 등장한 발명품, 유행하는 패션, 음악, 인테리어 등 모든 것이 궁전으로부터 시작되어 귀족들에게 전해졌습니다. 그런 곳에서 4년간 빅토리아 여왕을 모신 안나는 자연스레 궁정 문화를 습득하게 되었습니다.

당시 상류층의 식생활은 1일 2식으로 아침 식사 이후 저녁 8시 정도까지 늦은 저녁 식사를 기다려야 했습니다. 안나는 그사이의 허기를 달래고자 간단한 요깃거리와 차를 마셨습니다. 궁정 트렌드를 잘 알고 있는 그녀가 새로이 만들어낸 오후 5시의 티타임, 파이브 어 클록 티는 이렇게 시작되었습니다.

빅토리아 시대에는 여성의 역할 또한 점차 변화하였습니다. 항상 남성이 주역이었으나 파이브 어 클록 티만큼은 여성이, 즉 그 집의 여주인이 주역이 되었습니다. 여주인이 직접 우려 찻잔에 따라 주는 차에 다양하게 준비된 티 푸드까지, 여성들이 주인공이 되어 이루어졌던 티타임이 파이브 어 클록 티입니다. 안나 러셀에 의해 귀족 여성들만의 새로운 차 문화가 널리 퍼지고 있었습니다.

티타임에 쓰이는 앤티크 실버웨어 이야기

그녀가 오후에 차를 마시던 작은 습관은
영국뿐만 아니라 전 세계로 퍼져나갔습니다.

미들 클래스의 멘토, 이사벨라 비튼(Mrs. Isabella Beeton)

"The most popular non-alcoholic beverage in this country is tea, now considered almost a necessary of life. Previous to the middle of the seventeenth century it was not used in England."

"차는 영국에서 알코올이 함유되지 않은 가장 인기 있는 음료이며, 생활에 필수 요소로 여겨진다. 17세기 중반 이전에는 영국에서 소비되지 않았다."

빅토리아 시대에 미들 클래스를 위한 지침서였던 이사벨라 비튼Isabella Beeton, 1836-1865의 『Mrs. Beeton's Book of Household Management』에서는 차를 위와 같이 설명하고 있습니다. 당시 차가 영국인들에게 얼마나 중요했는지 느낄 수 있는 문장입니다.

당시 영국의 신흥 부자 계층으로 부와 여유를 갖추고 있던 미들 클래스가 갈망했던 것은 귀족과 같은 소양을 갖추는 것이었습니다. 태생과 살아왔던 환경이 귀족과는 달랐던 탓에 자라면서 배울 수 있는 기회가 없었으며, 곁에 있는 메이드에게 배우거나 도움을 받기에는 그들의 자존심이 허락하지 않았습니다.

그런 미들 클래스에게 한 권의 책이 나타났습니다. 항상 궁금했던 것들이 가슴이 뻥 뚫릴 정도로 해소될 만큼 모든 내용이 담겨 있는 책이었습니다. 이것이 바로 이사벨라 비튼의 『Mrs. Beeton's Book of Household

Management』라는 책입니다.

이사벨라 비튼은 출판사를 운영하던 남편의 권유로 한 달에 2~3회 정도 잡지에 칼럼을 쓰기 시작했습니다. 그 칼럼은 회를 거듭할수록 주목받았으며, 미들 클래스 사이에서 출간을 원하는 목소리가 커졌습니다. 그래서 이사벨라는 백과사전보다 더 두껍고 페이지는 무려 1,000페이지가 넘는 책을 세상에 내놓았습니다.

책 속에는 생활에 필요한 모든 것을 담았습니다. 가구, 인테리어, 장보기, 요리, 살림 노하우, 육아, 메이드를 대하는 태도까지 적혀 있습니다. 요리를 전혀 못해도 상관없었습니다. 요리를 도전하는 초보자가 갖춰야 할 주방 도구부터 재료 손질법과 어떤 그릇에 세팅해야 어울리는지 글과 그림으로 설명하였습니다. 게다가 계절별, 요일별 조리법과 인원에 따라 조리법과 분량을 모두 적어놓았습니다.

비록, 책의 내용은 그녀가 개발한 조리법이거나 노하우가 독창적이었던 것은 아닙니다. 그러나 미들 클래스에게 도움이 되고자, 분야마다 꼼꼼하게 정리하여 그림까지 보태어 편집했다는 점은 가히 놀라울 따름입니다. 실제로 보면 지금도 이런 책은 세상에 또 없다고 느낄 정도입니다. 인터넷이 없던 그 시절에 끝까지 다 읽기도 어려울 만큼 풍부한 내용이 담겨 있어 소장 가치 있는 책이었던 겁니다. 그래서 미들 클래스 사이에서 필수 도서로 자리를 잡으며 폭발적인 인기를 끌었습니다.

이 책은 1861년에 처음 출간되었으나, 이사벨라 비튼이 1865년 28살에

생을 마감하였습니다. 그래서 많은 이들이 안타까움을 자아냈으며, 그녀만의 새로운 책을 다시는 만나볼 수 없게 되어 아쉬워했습니다.

    소장하고 있는 1916년도 판은 무려 2,000페이지가 넘습니다. 그 속에는 차에 관한 내용도 있습니다. 먼저, 차란 무엇인지, 차나무와 중국ㆍ인도ㆍ스리랑카 차에 대한 기본적인 지식을 알려주고 있습니다. 책에 적힌 빅토리아 시대에 차 소비량을 본다면, 중국차가 90%, 인도 차와 스리랑카 차는 10% 정도를 차지하였다고 합니다. 또한, 중국차는 종류가 12가지로 대표적으로 소총, 콩구, 보헤아 순으로 품질이 우수하다고 하였습니다. 또한, 차를 우리는 법과 차를 이용한 디저트 레시피까지 소개하였습니다.

    빅토리아 시대에 신혼여행에서 남편이 부인에게 처음 해주는 차 서비스였던 얼리 모닝티Early morning tea 또는 베드 티Bed tea에 관한 내용도 있습니다. 영화에서 아침에 남편이 부인에게 침대로 차와 간단한 아침 식사를 가져다주는 장면을 한 번쯤 보신 적이 있으실 겁니다. 사실 베드 티도 파이브 어 클록 티와 마찬가지로, 상류층의 티타임에서 변화하였습니다. 상류층에서는 여주인을 담당하던 메이드가 아침마다 여주인의 침실로 차와 조식을 가져다주는 것이 베드 티였습니다. 지금까지도 여성들의 하나의 로망이자 즐거움을 이 책에서도 소개하고 있다는 것이 흥미롭습니다.

신혼여행에서 돌아와 본격적으로 한 가정의 여주인이 되면, 준비해야 할 일 중에서 차 도구도 빼놓지 않고 설명하고 있습니다. 이사벨라 비튼의 책에서 손님을 위한 차 도구는 도기보다 자기가 더 선호되었습니다. 그리고 티타임에 필요한 최소한의 차 도구로 티 캐틀, 티포트, 티 스트레이너, 찻잔 등을 준비할 것을 추천하고 있습니다. 심지어 도자기 및 실버웨어를 관리하는 방법과 찻물 때문에 생긴 찻잔의 얼룩을 제거하는 방법까지 꼼꼼하게 알려주었습니다. 차에 관련된 다양한 내용만 보아도 그녀의 책 한 권은 미들 클래스의 차 문화에도 크게 일조한 것임이 틀림없습니다.

티타임에 쓰이는 앤티크 실버웨어 이야기

책 두께가 무려 11cm인 비튼의 책.
독자들에게 도움이 되고자 티 테이블의 예시를 컬러로 인쇄한 책의 일부.
이 외에도 당시의 생활사를 알 수 있어, 도움이 많이 되는 자료입니다.

Antique Silverware

07

설탕 도구(FOR SUGAR)

슈가 니퍼(SUGAR NIPPERS)&슈가 텅(SUGAR TONGS),
슈가 캐스터(SUGAR CASTER)&슈가 시프터(SUGAR SIFTER),
슈가 크래셔(SUGAR CRUSHER)

앤티크 실버웨어를 살펴보면 설탕과 관련된 도구를 많이 볼 수 있습니다. 티 캐디 박스에 차와 함께 보관했던 것도 캐서린 왕비가 지참금으로 가져온 것도 설탕입니다. 게다가 실버 티세트에 있는 슈가 볼의 크기는 놀라울 정도로 큽니다. 왜 이렇게 크게 만들었을까요? 영국은 왜 설탕을 위해 이렇게 다양한 도구를 제작했을까요?

바로 설탕이 귀중품이었기 때문입니다. 설탕은 원산지라고 알려진 인도로부터 이슬람인들에 의해 사탕수수 재배법과 제당 기술이 서양으로 전해졌습니다. 그리고 포르투갈과 프랑스, 영국 등은 식민지였던 아메리카 대륙에 설탕 플랜테이션 사업을 시작했습니다. 특히, 영국은 17세기 말부터 카리브해를 거점으로 두고 바베이도스와 자메이카 섬 등에서 노예 삼각무역을 하며 설탕 사업에 힘을 기울였습니다.

그들이 설탕 플랜테이션 사업에 달려든 것은 설탕 사업이 가져다주었던 막대한 경제적인 이점 때문이었습니다. 그러나 그 풍요로움의 이면에는 그들의 탐욕으로 인해 아프리카에서 낯선 땅에 노예로 끌려와 끊임없는 노동력 착취와 인권침해가 행해졌던 노예삼각무역이 있었습니다. 노예로서의 고통과 땀은 새하얀 설탕으로 둔갑하여 영국에서는 귀중품으

로 자리잡았습니다. 달콤한 설탕의 이면에는 슬픈 역사배경이 존재한다
는 사실이 잊히지 않았으면 합니다.

머나먼 여행을 거쳐 영국에 온 설탕은 17세기 초반까지 약용으로써 사
용되었기 때문에 약국에서 판매하였습니다. 고깔모자처럼 생긴 커다란
설탕 덩어리인 슈가로프Sugarloaf는 통째로 사거나 원하는 양만큼 살 수 있
었습니다. 슈가로프를 사서 집으로 온 메이드는 먹기 좋은 적당한 크기
로 깨서 슈가 볼에 담았습니다. 손님에게 슈가 볼에 수북하게 담긴 설탕
과 함께 차를 대접하는 건 부의 상징이자 최고의 대접이었습니다. 또한,
찻잔에 티스푼이 세워질 정도로 설탕을 가득 담아주는 것은 여주인의 역
할이자, 부를 과시하는 행위기도 했습니다. 당시 차와 설탕은 귀중품이
었지만, 차와 다르게 설탕은 아낌없이 사용되었다는 차이가 보입니다.
이러한 이유로, 설탕 도구를 은으로 제작하는 것은 당연했으며 슈가 볼
은 설탕을 많이 넣을 수 있게 크게 제작되었던 겁니다.

슈가 니퍼Sugar nippers와 슈가 텅Sugar tongs은 설탕 집게입니다. 슈가 니퍼
는 1700년대부터 등장하였으며, 티스푼과 함께 들어 있는 세트로도 제작
되었습니다. 가위 형태를 시작으로 U자 형태로 제작 방법과 크기 그리고
디자인 등이 점차 변화하였습니다. 크기가 작아지고 제작 방법도 간단해
지면서 1800년대부터는 슈가 텅 또는 티 텅Tea tongs이라고도 불렸습니다.

후추통처럼 생긴 원통의 슈가 캐스터sugar caster와 거름망처럼 생긴 슈가 시프터sugar sifter는 설탕을 곱게 으깨서 가루로 만들어 사용할 때 쓰는 도구입니다. 테이블에 올려진 과일이나 파이 등에 뿌려 먹을 때 사용되었습니다. 슈가 니퍼나 슈가 텅과 같이 손님에게 보여주기 위해 외형과 구멍 하나하나가 정미하게 제작되었습니다.

18세기 중반부터 제작된 슈가 시프터는 가끔 티 스트레이너로도 오해받기도 합니다. 티 스트레이너보다 길이가 길고 구멍의 크기도 크며, 핸들의 각도는 국자와 유사합니다. 마치 한 장의 페이퍼 커팅 작품을 보는 듯한 슈가 시프터는 흔들 때마다 고운 설탕 가루가 사뿐히 가라앉는 모습을 볼 수 있습니다. 마치 함박눈이 내리면서 소복하게 쌓이는 광경을 보는 것만 같습니다.

슈가 시프터, 얼핏 보기엔 비슷해 보이지만 각기 다른 얼굴을 하고 있습니다.
슈가 시프터로 겹겹이 쌓은 팬케이크 위에 슈가 파우더를 뿌리는 순간만큼은 정말 즐겁습니다.
모두 1700년대 후반~1800년대 초반 영국 스털링 실버.

티타임에 쓰이는 앤티크 실버웨어 이야기

LONDON. 1760s. Richard Mills.

설탕이 가득 담긴 슈가 볼과 가위처럼 생긴 설탕 집게인 슈가 니퍼.
주문자의 이니셜이 중앙에 희미하게 남아 있습니다.

(위에서부터) LONDON. 1802. Peter, Ann&William Bateman.
LONDON. 1775s. Stephen Adams.
LONDON. 1770s. Philip Batchelor.
LONDON. 1770s. Charles Hougham.

3개의 은 조각을 각각 모양낸 후, 이어 붙여서 만들어야 했을 정도로
제작방법이 복잡했던 조지앙 시대의 슈가 텅. 그래서 더욱 매력적입니다.
볼이 도토리 모양을 띤 베이트맨의 슈가 텅은 수집가에게 인기인 디자인입니다.

조지앙 시대의 슈가 텅보다 제작방법도 간단했으며
크기가 작아 손에 착 감기는 느낌이 좋은 빅토리아 시대의 슈가 텅.
영국 스털링 실버 슈가 텅은 설탕 뿐만 아니라 서빙용 집게로 사용해도 좋습니다.

BIRMINGHAM. 1943. James Swann&Son.

심플하지만 독특한 형태의 슈가 텅 중 하나. 그립감이 좋아 디저트 서빙에도 좋습니다.

SHEFFIELD. 1893. John Round&Son Ltd.

설탕을 으깰 때 사용하던 도구인 슈가 크래셔는 과연 얼마나 활용도가 있었는지 모르지만,
스털링 실버로 된 슈가 크래셔는 앤티크 세계에서 만나보기 어려운 실버웨어입니다.

제각각 개성을 뽐내는 슈가 캐스터.
이렇게 한데 모아 세워두면 웅장함이 느껴집니다.

티타임에 쓰이는 앤티크 실버웨어 이야기

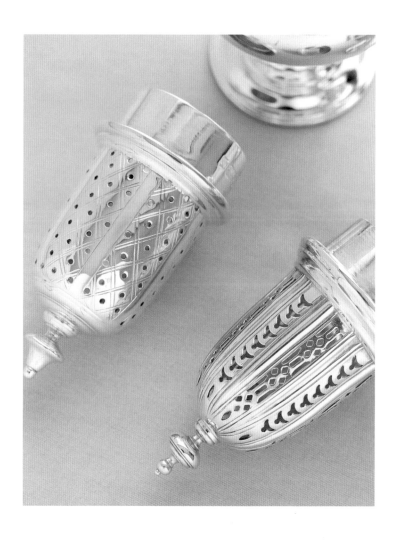

좌 : LONDON. 1957. Tessiers Ltd.
우 : LONDON. 1938. Barker Brothers Silver Ltd.

슈가 캐스터의 윗부분. 작게 컷팅된 구멍 사이사이로
슈가 파우더가 쏟아질 때면 묘한 즐거움이 있습니다.

LONDON. 1897. R&S Garrard&Co.

보기 드문 고딕 양식의 슈가 캐스터는
빅토리아 여왕의 재임 60주년을 기념하기 위해 만들어진 제품입니다.

LONDON. 1900. Horace Woodward&Co Ltd.

안쪽은 금장으로 제작된 화려한 슈가 캐스터. 제작자의 노고가 느껴집니다.
이 정도로 아름다운 슈가 캐스터라면 작품이라고 해도 손색이 없을 듯합니다.

Antique Silverware

08

그 외 티타임에
쓰이는 실버웨어

디저트 포크&나이프(DESSERT FORK&KNIFE)

포크와 나이프 세트를 커트러리^{Cutlery}라고 칭하는 경우가 많지만, 정확히 말하자면, 커트러리는 칼날^{Blade}이 있는 나이프를 가리키며, 포크나 스푼은 플랫웨어^{Flatware}라고 합니다.

포크와 나이프는 스푼과 마찬가지로 귀한 아이템이었습니다. 빅토리아 시대에 접어들면서 은 공급이 증가하자, 실버 커트러리의 종류도 다양하게 제작되었습니다. 그중 나이프의 칼날 끝부분이 둥근 형태는 디저트용으로, 뾰족한 형태는 전채^{前菜, Hors d'oeuvre}에 과일이 등장하는 메뉴일 때 사용되었습니다.

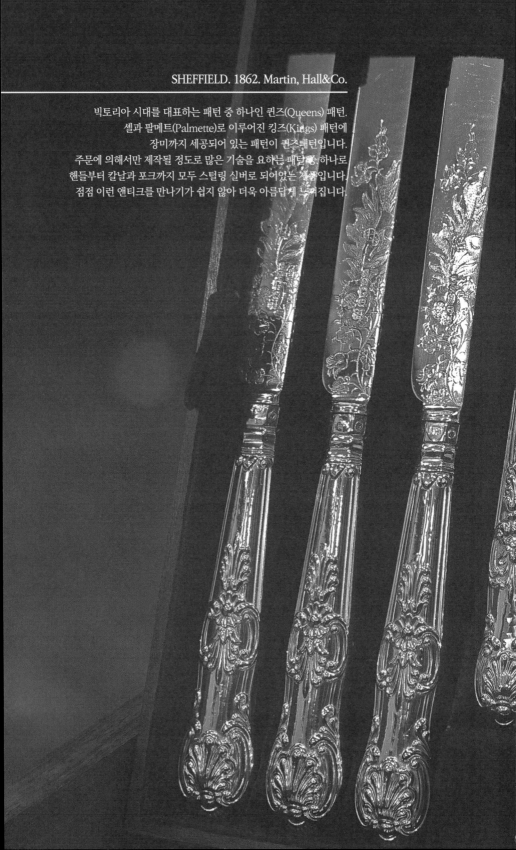

SHEFFIELD. 1862. Martin, Hall&Co.

빅토리아 시대를 대표하는 패턴 중 하나인 퀸즈(Queens) 패턴.
셸과 팔메트(Palmette)로 이루어진 킹즈(Kings) 패턴에
장미까지 세공되어 있는 패턴이 퀸즈패턴입니다.
주문에 의해서만 제작될 정도로 많은 기술을 요하는 패턴 중 하나로
핸들부터 칼날과 포크까지 모두 스털링 실버로 되어있는 제품입니다.
점점 이런 앤티크를 만나기가 쉽지 않아 더욱 아름답게 느껴집니다.

티 나이프(TEA KNIFE)&케이크 포크(CAKE FORK)

티 나이프Tea knife는 티타임에 항상 사용되는 실버웨어 중 하나로 디저트 나이프보다 길이가 짧고 폭도 좁으며 칼날이 없습니다. 그래서 이름은 나이프지만 음식을 자르는 용도가 아니라 스콘에 클로티드 크림이나 잼을 바르는 용도로 사용됩니다.

19세기에 접어들면서 디저트 종류가 다양해지자, 15~17cm 정도의 디저트 접시가 등장하였습니다. 디저트 접시의 등장으로 그에 맞는 포크도 제작되었습니다. 2, 3 갈래로 나뉜 케이크 포크는 케이크 등을 잘라 먹기 쉽게 한쪽이 넓게 만들어졌습니다.

SHEFFIELD. 1898. Levesley Brothers.

핸들이 권총 모양을 닮아 붙여진 이름인 피스톨(Pistol) 패턴.

좌 : SHEFFIELD. 1939. Viner's Ltd.
우 : BIRMINGHAM. 1928. Liberty&Co Ltd.

잼 스푼(JAM SPOON)

빅토리아 시대 중기부터 아침 식사에 잼이 등장하였습니다. 이전까지 잼은 다른 디저트보다 설탕을 많이 필요로 하는 음식이었기 때문에 고급 음식에 해당하였습니다. 이후, 18세기부터 19세기에 걸쳐 설탕의 가격이 저렴해지면서 잼을 손쉽게 접할 수 있었습니다.

그래서 잼 스푼은 19세기 후반의 실버웨어가 주를 이룹니다. 오로지 잼을 위해 만들어진 스푼으로 일반 스푼과 다르게 볼 부분이 납작하고 평평하게 제작되었습니다. 꽃이나 나뭇잎 등 식물을 마치 수를 놓은 듯 세공되어 있는 것이 특징입니다. 앤티크 마켓이나 앤티크 숍을 둘러보면 스털링 실버보다 주로 E.P.N.S로 제작된 잼 스푼이 더 많이 보입니다. 그만큼 스털링 실버 잼 스푼을 점점 만나기 어려워졌다는 의미이기도 합니다. 토스트나 스콘을 먹을 때, 가장 유용하게 사용하고 있는 실버웨어가 바로 잼 스푼입니다.

티타임에 쓰이는 앤티크 실버웨어 이야기

SHEFFIELD. 1899. Walker&Hall.

볼은 금장으로,
핸들은 마더오브 펄로 만들어진 잼 스푼.

버터 나이프(BUTTER KNIFE)&베리 스푼(BERRY SPOON)

좌 : BIRMINGHAM. 1899. Henry William Son Ltd.
중앙 : BIRMINGHAM. 1905. Barker Brothers
우 : BIRMINGHAM. 1901. William, Devenport..

모닝 티, 너셔리 티^{Nursery tea} ※ , 베드 티, 이상한 나라 앨리스의 티타임.
이 네 가지 티타임의 공통점은 바로 차와 함께 즐기는 버터를 바르는 빵이
등장한다는 것입니다. 여기에서 버터 나이프는 더더욱 빠질 수 없었겠죠?

※ 너셔리 티는 점심 이후 오후 시간대에 아이들만의 티타임을 가리킵니다.

과일, 꽃, 새 소용돌이 모티브와 투각이 담긴 베리 스푼은
세공의 아름다움을 시각적으로 즐기는 재미가 있습니다.

BIRMINGHAM. 1902. James Woods&Sons.

홍차에 라즈베리, 블루베리, 사과와 포도 등을 담아 펀치티로 즐길 때,
서빙스푼은 빛을 발합니다.

콩포티에(COMPOTIER)&디쉬(DISH)

SHEFFIELD. 1901. James Dixon& Sons Ltd.

지금은 흉내내기도 어려운 화려한 세공을
앤티크 실버웨어에서 볼 수 있다는 것이 앤티크의 매력.

SHEFFIELD. 1907. James Dixon&Sons Ltd.

우아한 곡선의 아름다움이 뿜어져 나오는 실버웨어는
고이 장식하는 것보다 평상시에도 수시로 사용하는 것이 좋습니다.
과일을 아무렇지 않게 올려두는 것만으로도 더 먹음직스럽게 보입니다.

SHEFFIELD. 1890. Akin Brothers.

조개 모양의 화려한 영국 스털링 실버 디쉬.
마카롱과 같은 디저트 외에도 우리나라 떡이나 한과를
볼륨감 있게 올려놓아도 의외로 조화롭게 잘 어울립니다.
이런 점이 실버웨어만의 매력 포인트가 아닐까 싶습니다.

LONDON. 1868. George Fox

대대로 실버웨어를 제작해온 폭스 집안의 제품들은 예술적 가치가 있어,
수집가들에게 많은 사랑을 받는 제작자 중 한 명입니다.

케이크 바스켓(CAKE BASKET)

SHEFFIELD. 1900. Walker&Hall.

지름 35cm 정도에 핸들까지 있는 케이크 바스켓.
과일이나 디저트를 담아
왼팔에 걸면 소풍가는 기분이 듭니다.

찻잎으로 점치기

중앙 : 1904-1910년경. 「The Nelros' Cup Fortune」.
1시 : 1937-1940년경. 「The cup of knowledge」. Alfred Meakin.
3시 : 1932-1939년경.「Sign and omens」. Paragon.
5시 : 1920-1930년경. 「Gyphy Teresa's Fortune Telling Cup」. J&G Meakin.
7시 : 1923-1930년경. 「The cup of knowledge」. Aynsley.
11시 : 1985년경. 「Royal kendal」. H&M(L)Ltd.

맛있는 차 한 잔을 대접받았을 때 찻잔 속에 찻잎이나 찻잎 부스러기가 보인다면 어떨까요? 수색이 맑고 투명한 홍차와 다르게 눈에 거슬리기 마련입니다. 그러나 영국인들은 일부러 그렇게 즐겼다고 합니다. 바로 찻잎으로 점을 치기 위해서 말이죠.

찻잎 점은 프랑스어로 잔을 뜻하는 타쓰Tasse와 그리스어 접미사인 그래피-graphy가 합쳐져 타쓰오그래피Tasseography 또는 포춘텔링Fortune telling이라고 합니다. 찻잎 점은 홍차 외에 다른 차로도 점을 보기도 했으므로, 이 책에서는 홍차 점이 아닌 찻잎 점으로 표기하겠습니다.

빅토리아 시대에 접어들면서 노동 계층까지 차 문화가 확산되어 영국 전 국민이 차를 즐겼습니다. 찻잎 점도 이 시기에 영국에서 인기를 끌기 시작했습니다. 1870년에 찻잎 점과 관련된 내용이 신문에 기재되면서부터 찻잎 점을 봐주는 직업까지 생겨났습니다.

초기 찻잎 점은 티 스트레이너 없이 차를 마신 후에 남아 있는 찻잎의 패턴을 보고 동식물 또는 특정 물건을 연상시키는 것이었습니다. 그리고 그에 따라 상상력을 발휘하여 해석하는 방식으로 이루어졌습니다. 지역이나 설명하는 사람에 따라 해석에는 차이가 있었지만, 주로 연령대가 높은 어른들이나 할머니에게 해석을 부탁하는 경우가 많았다고 합니다.

찻잎 점이 사람들 사이에서 인기를 끌자 차 회사에서는 찻잎 점을 이용하여 자신들이 판매하는 차를 광고하였고, 찻잎 점과 관련된 제품도 생겨났습니다. 찻잎 점을 풀이한 카드나 엽서부터 찻잎 점을 쉽게 볼 수 있는 찻잔도 판매되었습니다. 1904년에 넬로스 컵Nerlos' cup이 처음으로 선보였고 뒤를 이어 더 컵 오브 날리지The cup of Knowledge라는 찻잎 점 찻잔도 등장하였습니다. 찻잎 점 찻잔은 점을 보는 방법과 해설이 적힌 지침서와 세트로 판매되었습니다. 가장 많이 보이는 앤슬리Aynsley 회사와 파라곤Paragon 회사의 제품은 지침서 없이 잔만 남아 있는 경우가 대부분입니다.

YOUR FORTUNE IN THE TEA CUP

If your fate you want to know,   Within it you will find a key
What's in store this cup will show;   To read the Future's mystery.   1164

1934년. Valentine&Sons. Ltd. 엽서.

발렌타인 시리즈 엽서 중 하나.
컵을 열면 찻잎 점에 관한 총 12개의 해설이 그림과 함께 적혀 있습니다.

1907년. Fred. C. Lounsbury. 엽서.

엽서에 행운의 메시지와 함께
찻잎 점이 나와 있습니다.

1892년. Chase&Sanborn. 차 회사 광고지.

세 모녀가 함께 찻잎 점 찻잔을
들여다보고 있는 모습이 담겨 있습니다.

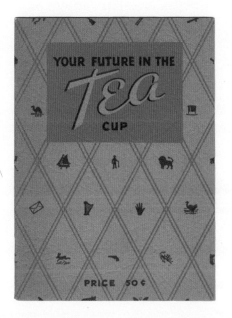

1935년경. Lipton's tea cup 해설집.

1938년경. Lipton's tea cup 해설집.

178페이지의 사진 1시 방향
Alfred Meakin 회사의
찻잎 점 찻잔에 대한 해설이
적혀 있습니다.

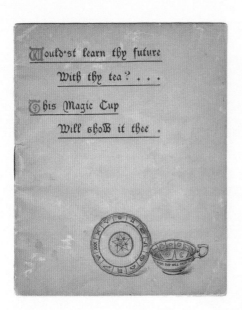

Nelros' tea cup 해설집.

앤슬리 회사에서 제작한
넬로스 컵에 대한 찻잎 점
해설이 적혀 있습니다.

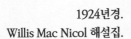

1924년경.
Willis Mac Nicol 해설집.

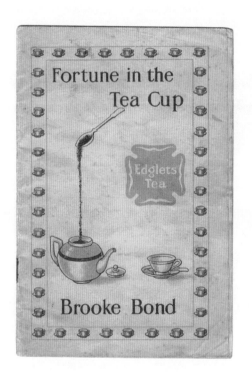

1950년대로 추정.
Brooke Bond 해설집.

영국의 차 회사인 피지팁스[PG tips]의
옛 이름인 브룩본드[Brooke Bond].
차를 홍보하기 위해
찻잎 점 해설집까지
냈다는 것을 알 수 있습니다.

마더 오브 펄(Mother-of-pearl)의 세계

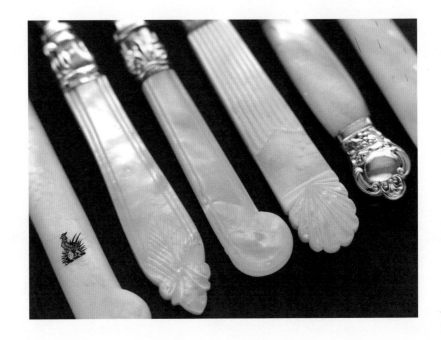

다양한 세공과 패턴으로 제작된 MOP핸들.
은으로 제작된 핸들과 또 다르게 테이블에서 묘한 매력이 있습니다.

마더 오브 펄Mother-of-pearl, MOP은 조개 속의 가장 안쪽에 있는 진주층을 가리킵니다. 이름에서 짐작해본다면 진주를 품고 있어서 붙여진 이름이 아닐까 싶습니다.

MOP는 우리나라 자개장처럼 그 어디에서도 찾아보기 힘든 오색영롱함을 지닌 천연 재료였습니다. 어떤 각도에서 보아도 무지갯빛을 자아내고, 오색 빛을 품고 있는 듯한 그 영롱함과 광채가 참으로 아름답습니다.

이 아름다운 천연 재료는 인도양과 오스트레일리아 일대 깊은 바닷속에 잠들어 있었습니다. 영국에 의해 채취되어 빅토리아 시대에 테이블 위를 장식하였습니다. 주로 포크와 나이프의 핸들로 제작되었으며, MOP의 본래의 모양을 그대로 살려 만든 셸 형태의 디쉬나 캐디 스푼으로도 만들어졌습니다.

Part 3

Antique Silverware

앤티크 실버웨어
이야기

티타임에 쓰이는 앤티크 실버웨어 이야기

케이크 바스켓에
수국과 장미를 담아 센터피스로도.
C스크롤로 이루어진 핸들은
1800년대 초반에 제작된
앤티크 찻잔과 조화를 이룹니다.

Antique Silverware

01

은(銀, SILVER)이란?

무병장수를 기원하는 선물로 인기인 은수저 세트를 보신 적이 있으신 가요? 우리가 주로 쓰는 스테인리스와는 다르게 뽀얗게 빛나면서 따뜻한 색감, 거기에 부드러운 감촉이 느껴질 것만 같은 설명하기 어려운 아름다움을 지니고 있습니다. 보는 것만으로도 친근감이 느껴지는 귀금속, 그것이 바로 은R. Silver입니다.

고대 7가지 금속 중 하나인 은은 인류가 동과 납 다음으로 오래 사용한 금속입니다. 은은 금이나 동처럼 자연은으로 산출되는 경우가 드물었으며 그 양조차 적어, 대부분 은이 함유된 광석에서 까다로운 정제법을 통해 얻을 수 있었습니다. 쉽게 얻을 수 있는 금속도 아니었으며 무기로 쓰였던 청동처럼 단단하지도 않습니다. 인류가 이러한 은을 갈구하고 소유하고자 했었던 이유는 무엇일까요?

은은 역사상 어떤 존재였을까, 왜 귀하게 여겨졌는가?

1. 기원전 2500년경에 이집트에서는 금을 은으로 도금할 정도로 은이 가치가 더 높았다.

2. 가톨릭 문화권에서는 아기가 세례를 받을 때 경제적으로 윤택하길 바라는 마음에서 선물하였던 크리스트닝 세트Christening set와 같은 실버웨어가 존재했다.

3. 1545년에 지금의 볼리비아 포토시Potosi에서 최대 규모의 은 광산이

발견됐다. 그 은은 스페인을 강력한 제국으로 만들었으나 은으로 인한 물가상승과 과시욕으로 일으킨 전쟁으로 인해 스페인은 되려 빚더미에 올랐다.

4. 태양왕 루이 14세Louis XIV. 재위 1643~1715가 사용한 식기는 모두 금 또는 은으로 제작한 식기였다. 그러나 전쟁으로 인해 재정이 바닥나자 루이 14세는 실버웨어를 녹여 은화로 주조해버렸다.

5. 신항로 개척과 함께 서양 국가들은 중국, 인도와의 무역에서 수입품을 은으로 사들였다.

6. 영국은 중국으로 몰린 은을 회수하기 위해 중국에 아편을 팔기 시작했다. 이것은 결국 아편 전쟁1840~1842을 일으켰다.

이 6가지 역사적 사실을 통해 우리가 알 수 있는 것은 은은 '부(富)'와 연결되어 있고 '아주 오래전부터 부를 상징하는 귀금속이었다'라는 것입니다.

또한 이 결론을 통해서 우리는 실버웨어가 어떤 존재였는지 더 쉽게 이해할 수 있습니다.

그뿐만이 아닙니다. 은은 산스크리트어 'Arjuna'와 라틴어 'Argentum' 그리고 그리스어 'Argos'에서 흰색이나 빛 또는 빛난다는 뜻을 담고 있습니다. 단어만 보아도 왜 은을 귀하게 여길 수밖에 없었는지 짐작할 수 있습니다. 은은 인류에게 '아름답게 빛나는 흰색 귀금속'이었던 것입니다.

은은 쉽게 변하지 않고 유용하지만, 그 양은 적어서 누구나 가질 수 있는 것이 아닌 귀금속이었습니다. 사람들은 오래전부터 이러한 은이 더 아름답게 느껴질 수밖에 없었을 겁니다. 아름답다는 것은 그 본질 자체의 평가이기도 하지만 희소성과 효용 가치도 연관이 있기 때문입니다. 귀한 것을 가진 자, 그것이 부와 직결되는 것이기 때문에 실버웨어로 제작된 것으로 보입니다. 한편 본연의 환금성 가치로 인해 은은 루이 14세의 실버웨어처럼 전쟁과 같은 만일을 대비한 비상금 용도로도 간주되었습니다.

또한, 은은 부식에 강하며 아주 얇은 종이처럼 만들 수 있을 정도로 다루기 쉬운 금속입니다. 게다가 빛의 반사율 중에 가시광선 반사율이 90% 이상으로 은이 어떻게 연마되는지에 따라 백금보다 더 강하게 빛나기도 합니다. 특히, 이 반짝거림은 촛불 아래에서 더욱 돋보입니다. 식탁 위에 놓인 촛대 사이사이에 자리 잡은 실버웨어는 촛불이 일렁거릴 때마다 여러 갈래의 빛줄기로 뻗어나가면서 아름다움을 자아냅니다. 그 어떤 것도 이처럼 아름다운 빛깔을 낼 수 없었습니다. 은의 고귀함과 아름답게 빛나는 자체가 사람들에게는 매력이었기 때문에 실버웨어로 제작되었다고 저는 생각합니다.

Antique Silverware

02

영국 실버웨어의 종류

은은 다른 귀금속과 마찬가지로 순도로 종류를 나눕니다. 1999년 1월부터 EU는 은 순도를 1,000분 비율 로 표기하므로 이 책에서도 같게 표기하였습니다.

일반적으로 순은 액세서리의 '순은'은 은 순도 999‰를 뜻합니다. 그러나 실버웨어의 경우는 조금 다릅니다. 실버웨어에서 말하는 순은의 순도는 나라마다 다르며, 합금비율에 따라 부르는 명칭도 다릅니다.

영국 실버웨어는 스털링 실버 와 셰필드 플레이트 그리고 E.P.N.S 가 있습니다. 이들 모두는 얼핏 보기에는 외관상 큰 차이를 못 느끼지만 엄청난 차이가 있습니다.

셰필드 플레이트와 E.P.N.S는 스털링 실버와 다르게 은으로 코팅한 제품입니다. 흔히 은도금이라고 말하지만 '도금'이라는 단어가 부정적인 의미로 와 닿는 경우가 많으므로 이 책에서는 '은 코팅'이라고 표기하였습니다.

중세부터 다른 금속을 은으로 코팅하는 기법이 있었으며, 셰필드 플레이트와 E.P.N.S는 영국에서 탄생했습니다.

이 두 가지는 스털링 실버의 대용품으로, 비교적 저렴하고 대량 생산이 가능합니다.

스털링 실버(STERLING SILVER)

나라마다 스털링 실버의 법적 순도가 다르므로 이 책에서는 영국 스털링 실버를 기준으로 설명하고자 합니다. 영국 스털링 실버는 은 925‰와 동 75‰ 비율로 섞어 만든 합금입니다. 이 합금 비율은 영국 통화 시스템에 매우 중요할 뿐만 아니라, 내구성이 높고 생산과 작업이 쉬운 것으로 알려져 있습니다.

1158년 헨리 2세 Henry II 는 영국 주화의 법적 기준을 은 순도 925‰로 정하고 이를 '스털링 실버 Sterling Silver'라고 칭했습니다. 그 후 1238년 헨리 3세 Henry III 가 '영국 주화보다 낮은 실버웨어를 만들 수 없다'라는 법률을 제정합니다. 은 자체가 영국 통화 시스템의 중추였기 때문에 실버웨어의 품질을 규제해야 했습니다. 그래서 주화의 순도와 같은 순도 925‰ 실버웨어만을 제작하도록 법으로 정한 겁니다. 영국 실버웨어의 역사상 스털링 실버인 순도 925‰가 1999년까지 법정 최소 순도로 이어져 왔습니다(1697-1720년은 제외). 참고로, 현재 영국의 실버웨어 법정 최소 순도는 800‰입니다.

헨리 2세가 정한 영국 주화의 법적 최소 순도와 헨리 3세의 실버웨어 순도 규제로 영국 실버웨어 역사는 기초를 다져갔습니다. 그러나 스털링 실버가 법적 최소 순도라고 해도 알 방법이 없었습니다. 제품마다 순도의 차이가 발생하였고 일일이 확인하기엔 번거로움이 있었습니다. 결국, 1300년에 에드워드 1세 Edward I 가 '영국의 모든 실버웨어는 순도 925‰를 충족해야 하며, 그 조건에 들어맞는 제품에 스털링 실버를 뜻하는 공식 마크를 표시'하도록 법을 제정하였습니다. 그 공식 마크가 바로 표범머리 모양을 띤 영국 최초의 홀마크 레오파드즈 헤드 Leopard's Head입니다.

영국 공식 통화를 가리켜 "파운드 스털링 Pound Sterling'이라고 합니다. 이렇듯 영국 역사상 주화가 은 순도와 밀접한 관련이 있기 때문입니다. 순도가 기준 이하이거나 이상이라도 스털링 실버라고 할 수 없도록 엄격하게 법으로 정해져 있는 이유도 바로 통화 시스템 때문입니다.

참고로 영국 외 유럽 국가의 스털링 실버 순도는 다음과 같습니다.

국가	프랑스	독일	미국
순도(단위‰)	950/800	800/830/835	925
실버 마크			
특징	일명 미네르바 마크로 숫자 1,2 또는 테두리에 따라 순도를 구분.	모래시계와 초승달 그리고 왕관과 순도를 각인.	STERLING만 각인.

유럽 국가의 실버웨어는 영국에 비해 동 또는 아연의 함유량이 많은 편입니다. 단단하다는 장점은 있으나, 실버웨어의 빛깔은 싸늘하고 날카로운 은색을 띱니다. 999‰와 925‰의 은 액세서리만 비교해봐도 순도의 차이를 색조로도 확연히 느낄 수 있습니다.

브리타니아 실버(BRITANNIA SILVER)

브리타니아 실버는 은 958.4‰와 동을 섞어 만든 합금을 가리킵니다. 스털링 실버보다 순도가 높아 강도는 약하지만 뽀얗고 은은한 색조를 띱니다. 브리타니아 실버는 주로 액세서리 제작에 사용되었습니다.

17세기경 영국에서는 순도 925‰ 주화의 테두리를 잘라 실버웨어를 만들거나 판매하는 등 주화를 훼손시키는 일이 많았습니다. 주화를 훼손하는 것은 반역으로 사형에도 처할 수 있는 중죄입니다. 그럼에도, 은은 귀한 금속이었기 때문에 가치가 높아 이러한 일이 끊임없이 발생했습니다.

영국 의회는 주화의 희소성과 훼손을 우려하였고 결국 통화시스템을 보호하기 위해서 1697년부터 실버웨어의 최소 순도를 958.4‰로 법으로 제정하였습니다.

이를 브리타니아 스탠다드 실버Britannia standard silver라고 합니다. 순도가 영국 주화보다 높으므로 주화를 훼손하는 문제가 해결되리라 판단했기 때문입니다. 이때부터 순도 958.4‰인 실버웨어만 제작할 수 있었습니다.

그러나 브리타니아 스탠다드 실버에 대해 실버웨어 제작자인 실버스미스들의 불만이 터져 나왔습니다. 브리타니아 실버는 순도가 너무 높아, 다루기가 쉽지 않았을 뿐더러 내구성이 떨어졌기 때문입니다. 순도가 높은 실버웨어는 실버스미스들과 고객에게도 인기를 끌지 못했습니다.

결국, 1720년까지 지속되었던 순도 958.4‰인 브리타니아 스탠다드 실버에서 다시 순도 925‰인 스털링 실버가 실버웨어의 법정 최소 순도로 정해졌습니다. 대신 브리타니아 실버와 스털링 실버가 두 가지 모두 법정 순은 기준이 되었기 때문에 브리타니아와 스털링 실버 모두 실버웨어로 제작할 수 있었습니다.

셰필드 플레이트(SHEFFIELD, SILVER PLATE)

셰필드 플레이트는 1742년에 토마스 토마스 불소버Thomas Boulsover가 발견한 기법으로 영국 셰필드Sheffield에서 탄생했기 때문에 붙여진 이름입니다.

셰필드 플레이트는 동과 은을 합쳐 시트 형태로 만든 후 제품을 만듭니다. 시트는 동과 합쳐 한쪽만 은으로 되어 있는 싱글 시트와 동을 중앙에 두고 위와 아래에 은을 놓고 샌드위치처럼 제작하는 더블 시트로 나뉩니다.

더블 시트의 경우에는 티 트레이나 접시 등과 같이 양면이 보이는 제품에 사용되었습니다. 은의 두께가 두꺼울수록 셰필드 플레이트의 품질은 더 고급으로 평가됩니다.

E.P.N.S(ELECTRO PLATED NICKEL SILVER, SILVER PLATED)

1830년에 만들어진 E.P.N.S는 Electro Plated Nickel Silver의 약자입니다. 니켈과 구리 및 아연의 합금에 화학적인 방법으로 은을 코팅하는 것으로 '니켈 실버Nickel Silver'라고도 부릅니다.

E.P.N.S는 셰필드 플레이트와 반대로 형태를 제작한 후에 마지막 과정에서 얇게 은을 코팅하였습니다. 그래서 셰필드 플레이트처럼 제품의 마감 부분에 동이 보이는 경우가 없었으며 동이 보이지 않게 말아 숨기거나 구부리는 작업도 필요 없었습니다.

이 기법을 1850년대에 영국의 엘킨턴Elkington&Co에서 특허로 구매하였습니다. 엘킨턴회사 외에도 마핀 웹Mappin&Webb 등 E.P.N.S를 제작하는 회사가 늘어났고 많은 회사가 스털링 실버와 E.P.N.S를 함께 제작하는 경우가 많았습니다.

E.P.N.S 제품은 E.P.N.S가 표기되어 있으며, 셰필드 플레이트보다 저렴한 편입니다.

셰필드 플레이트 마크 예	E.P.N.S 마크

Antique Silverware

03

실버웨어를 만드는 자,
실버스미스(SILVERSMITH)

실버스미스Silversmith는 실버웨어를 만드는 직인(職人)을 가리킵니다. 실버스미스와 금을 다루는 직인인 골드스미스Goldsmith는 「The Worshipful Company of Goldsmiths」, 약자로는 Goldsmiths' Company골드&실버스미스 길드이라는 길드에 함께 속해 있습니다.

길드Guild는 중세부터 존재했던 동직(同職)조합으로, 같은 직업이나 분야에서 종사하는 크래프트 맨이나 상인들의 조직입니다. 과거 오래전부터 은을 다루는 실버스미스도 골드스미스라고 칭했기 때문에 길드의 명칭을 골드스미스로 통칭하여 부른 것으로 보입니다.

영국에서 실버스미스가 되려면 도제(徒弟)로 7년 동안 기술을 습득해야 했습니다. 이것은 1562년 엘리자베스 1세 여왕Queen Elizabeth I이 직인의 수를 제한하기 위해 장인 법Statute of Artificers을 시행했기 때문입니다. 장인 법이 1814년에 폐지될 때까지 해당 직업의 마스터에게 7년 동안 도제 생활을 하고 시험을 치러야 했습니다. 물론 이 장인 법은 실버스미스에게만 해당하는 것은 아니었습니다. 시험은 마스터의 도움 없이 작품을 제작후 해당 길드의 평가를 받습니다. 길드로부터 인정받으면 합격이 되었고 정식으로 영국의 실버스미스이자 골드&실버스미스 길드의 구성원인 프리맨Freeman이 될 수 있었습니다. 도제 생활을 끝내고 프리맨이 되면 자신의 이름을 걸고 디자인하여 제작한 실버웨어를 판매할 수 있었습니다. 이러한 장인 법과 길드의 룰에 의해 영국 실버스미스의 크래프트맨십과 제품의 품질이 유지될 수 있었습니다.

Antique Silverware

04

홀마크(HALLMARK) 제도

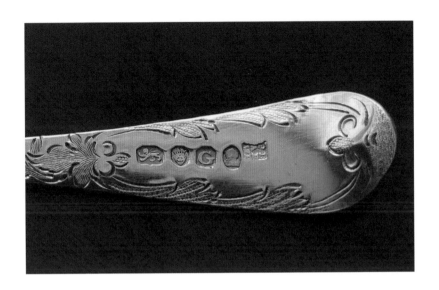

앤티크 숍이나 앤티크 마켓에 진열된 스털링 실버웨어의 설명을 보면 연대 그리고 제작자 등이 상세히 표기되어 있습니다. 앤티크 제품인데 어떻게 이렇게 자세하게 알 수 있을까요?

유심히 살펴보면 도장으로 찍어놓은 마크를 볼 수 있습니다. 영국 외에도 프랑스나 독일 등 나라별로 다양한 모양이나 문자가 새겨져 있습니다. 이것을 '홀마크Hallmark'라고 합니다. 홀마크에 대해 알게 되면 여러분도 쉽게 스털링 실버웨어에 대한 정보를 알 수 있습니다.

함께 홀마크에 대해 알아볼까요?

영국의 홀마크

영국의 길드는 길드의 회의나 운영을 위해 각각 건물을 소유하고 있습니다. 그 건물을 일반적으로 홀이라고 부르며, 골드&실버스미스 길드의 건물은 골드스미스 홀이라고 합니다. 홀마크의 'Hall'은 바로 골드스미스 '홀'에서 유래되었습니다.

홀마크는 부정행위를 방지하기 위해 직인들이 제품을 직접 골드스미스 홀로 가져와 검증받아야 했기 때문에 붙여진 이름입니다. 무려 7세기가 넘도록 유지되고 있는 말 그대로 '홀의 마크'는 영국만의 독특한 방식과 골드&실버스미스 길드의 오랜 전통이 이어져온 의미 있는 제도입니다.

프랑스 파리에서는 1260년대부터 실버웨어에 홀마크를 새겼으며 독일과 이탈리아 등 유럽 국가에서도 독자적으로 홀마크 제도를 도입하였습니다. 그중 영국의 홀마크 제도는 가장 체계적이고 독보적입니다. 이렇게 홀마크 제도가 잘 정비될 수 있었던 이유는 앞서 설명했던 은 순도에 관한 오랜 역사적 배경이 있었기 때문입니다.

홀마크는 1327년부터 골드&실버스미스 길드가 직접 각인할 수 있게 권한을 부여받았습니다. 그래서 각 지역에 있는 어세이 오피스에서 해당 지역의 실버웨어에 대한 분석 및 홀마크 각인 업무를 담당하고 있습니다. 직인들이 제작한 제품은 어세이 오피스에서 순도와 품질 등을 확인한 후에 검증된 제품만 판매를 허용할 정도로 영국의 홀마크 제도는 굉장히 엄격하고 까다롭게 관리되어왔습니다. 혹, 홀마크를 개인이 몰래 각인하거나 순도 미달의 제품이나 길드에서 인정받지 못한 제품을 판매하는 부정행위에 대해서는 길드의 권한으로 강제 추방이나 벌금형 또는 법적으로 강한 처벌을 받게 되어 있습니다. 홀마크의 신뢰성을 유지하기 위해 골드&실버스미스 길드는 이를 오랜 세월 중요하게 여기면서 엄격히 관리해왔습니다.

영국 실버웨어 홀마크의 종류는 다음과 같습니다.

실버 스탠더드 마크(SILVER STANDARD MARK)

영국 실버 스탠더드 마크는 순도에 따라 브리타니아 실버 마크와 스털링 실버 마크로 나뉩니다. 스탠더드 마크는 '어세이 오피스에서 순도를 검증받았다'라는 의미입니다.

– 브리타니아 실버 마크 : 은 순도 958.4‰를 가리키는 마크입니다.

– 스털링 실버 마크 : 은 순도 925‰를 가리키는 마크입니다.

잉글랜드 스털링 실버 마크는 1300년 레오파드즈 헤드 마크를 시작으로 시작으로 1544년부터는 오른발을 들고 정면을 보면서 왼쪽을 향해 걷고 있는 사자 모양을 띤 라이언 파상 마크로 변경되었습니다. 잉글랜드 외에 스코틀랜드와 북아일랜드는 스털링 실버 마크가 각각 다른 형태로 각인되었습니다. 모양은 제각기 다르고 조금씩 변화했지만 모두 은 순도 925‰를 가리키는 실버 스탠더드 마크입니다.

잉글랜드 스털링 실버	스코틀랜드 스털링 실버

메이커스 마크(MAKER'S MARK)

　제작자 즉, 실버스미스를 알 수 있는 마크입니다. 초기에는 작은 표식만 남겼으나 문맹률이 낮아지면서 15세기 말부터 실버스미스의 이니셜을 새기기 시작했습니다. 이후에는 실버스미스마다 글꼴이나 점, 테두리의 형태 등으로 마크에 차별화를 두어 길드에 등록하였습니다.

　이 마크 하나로 실버스미스의 이름과 소재지 및 활동 시기 그리고 주로 제작한 물건이 무엇인지 알 수 있습니다. 메이커스 마크는 영국 홀마크 제도의 자랑거리이자 골드&실버스미스 길드의 오랜 역사와 전통이 엿보이는 부분 중 하나입니다.

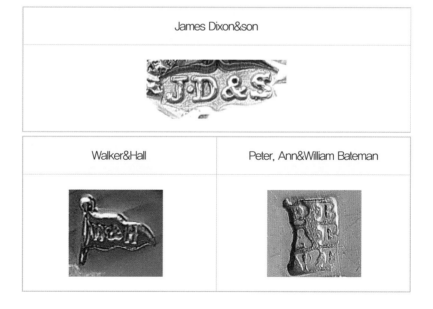

James Dixon&son	
Walker&Hall	Peter, Ann&William Bateman

데이트 마크(DATE LETTER)

1478년부터 각인된 마크로, 제작 연도를 알 수 있어 데이트 마크라고 합니다. 정식 명칭은 '어세이 마스터 마크Assay Master's Mark'로 부정행위를 방지하기 위해 각인한 마크입니다.

홀마크를 새기는 과정에서 실버스미스와 각인을 담당하는 어세이 오피스 마스터 사이에서 부정행위가 발생할 우려가 있었습니다. 그래서 해당 제품에 누가 마크를 새겼는지를 알 수 있도록 표기하기로 했습니다.

어세이 오피스에서는 1년 단위로 어세이 마스터를 따로 임명하였으며, 마스터의 임기가 끝나고 새로운 마스터가 임명되면 마크 또한 변경되었습니다. 이 마크로 연도를 구분할 수 있어 데이트 마크라고도 불리게 되었습니다.

데이트 마크는 알파벳을 사용합니다. 글꼴과 대·소문자, 테두리의 모양 등에 변화를 주며 몇 백 년이 넘도록 연도를 구별할 수 있게 홀마크를 새겨왔습니다.

참고로 런던 어세이 오피스의 경우 J, V, W, X, Y, Z를 제외한 총 20자 알파벳만을 사용하고 있습니다. 이렇듯 어세이 오피스마다 사용하는 알파벳에 차이를 두고 있습니다.

런던 1802년	셰필드 1892년	버밍엄 1940년

어세이 마크(ASSAY MARK)

어세이 마크는 타운 마크Town Mark라고도 하며, 해당 제품의 홀마크를 새긴 어세이 오피스의 소재지를 알 수 있는 마크입니다. 런던의 실버스미스는 런던 에세이 오피스에서, 셰필드의 실버스미스는 셰필드 어세이 오피스에서 검증받아 홀마크를 새기는 것입니다.

14세기 초반, 런던 어세이 오피스에서 처음 어세이 마크를 각인하기 시작했습니다. 어세이 마크는 어세이 오피스가 위치한 지역마다 다르며 다른 홀마크와 마찬가지로 일정한 시기마다 마크 모양에 변화를 주었습니다.

참고로 현재까지 유지되고 있는 어세이 오피스는 모두 네 곳입니다. 앤티크 실버웨어를 찾다 보면 런던, 버밍엄, 셰필드 어세이 마크 외에 다른 지역의 어세이 마크는 만나기 쉽지 않습니다. 다양한 홀마크를 접할 수 있다는 것, 그것 또한 앤티크만의 색다른 즐거움이 아닐까 싶습니다.

런던(1544~)	버밍엄(1773~)
에든버러(1552~)	셰필드(1773~)

그 밖의 마크

- 듀티 마크Duty Mark : 일시적으로 생겼다 사라진 마크로 '세금을 납부를 하였음'을 표시한 마크입니다. 1784년부터 시행되었으며 국왕의 머리를 본떠 새긴 마크입니다. 이 마크는 1890년에 폐지되었습니다.

- 수입 마크Import Mark : 수출용 실버웨어에 새긴 마크로 홀마크의 모양이 다르게 각인되었습니다. 영국 스털링 실버 제품이라도 어세이 오피스 마크 등이 기존과 조금 다르다면 수출 마크에서 찾아보시길 바랍니다.

듀티 마크	듀티 마크
수입 마크(버밍엄)	수입 마크(버밍엄)

영국 실버웨어 홀마크 관련 서적

영국 실버웨어 홀마크 관련 서적은 다음과 같습니다. 홀마크가 각인된 위치는 시대별로 차이가 있지만, 주로 티스푼의 핸들 뒤 또는 볼의 앞뒤, 티포트의 경우에는 몸체 부분, 나이프의 칼날 앞면 등을 살펴보면 쉽게 찾을 수 있습니다.

《ENGLISH SILVER HALL · MARKS》JUDITH BANISTER 著

영국 스털링 실버 홀마크뿐만 아니라,
셰필드 플레이트 마크도 찾아볼 수 있는 책입니다.

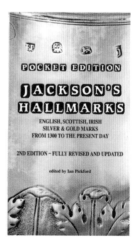

《JACKSON'S HALLMARKS》IRAN PICKFORD 著

각 어세이 오피스의 메이커스 마크까지 상세히 적혀 있어,
데이트 마크 외에도 메이커스 마크를 참고할 때
도움이 되는 책입니다.

Antique Silverware

05

영국의 실버웨어

집사는 조만간 열릴 만찬회를 위해 촛불 아래에서 지문이 닳도록 실버 웨어를 반짝반짝하게 닦고 있습니다

영국 시대극 드라마를 보면 저택 식탁 위에는 항상 실버웨어가 등장합니다. 저택에는 실버웨어를 담당하는 집사가 따로 있었으며 실버웨어를 보관하거나 관리하는 것도 모두 집사의 일과였습니다. 또한, 반짝반짝 빛나게 실버웨어를 닦는 일도 집사의 몫이었다고 합니다. 닦기 힘들었기 때문일까요? 여성인 메이드가 아니라 남성인 집사가 담당했다는 점이 흥미롭습니다.

드라마뿐만이 아닙니다. 런던의 빅토리아&앨버트 박물관이나 대영박물관, 앤티크 숍, 정기적으로 열리는 앤티크 마켓 등을 둘러보면 실버웨어가 흔하다고 느낄 정도로 쉽게 접할 수 있습니다. '영국에는 어떻게 이렇게 실버웨어가 많을까?'라는 생각이 저절로 듭니다. 다른 나라보다 유독 영국에만 다양하게 그리고 지금까지도 많이 남아 있는 이유는 무엇일까요?

로마제국의 멸망과 함께 실버웨어 문화가 쇠퇴한 후 식탁 위에 실버웨어가 다시 등장한 시기는 15세기경 르네상스 시대입니다. 중세 유럽에서는 은으로 십자가나 성배와 같은 종교적인 물건만을 주로 제작하였습니다.

이후 메디치 가문의 부상과 르네상스의 발달로 피렌체가 도시국가로 꽃을 피웠고 식탁 위로 우아한 실버웨어가 부활하기 시작했습니다.

부활한 실버웨어는 지금의 프랑스와 독일 등 유럽 대륙뿐만 아니라 섬나라 영국까지 전해졌습니다.

우리가 주로 사용하는 기본적인 커트러리나 플랫웨어가 정착하게 된 시기는 17세기경입니다. 이때부터 커트러리와 플랫웨어 등 제작이 활발해지면서 실버웨어는 17~18세기에 정점에 다다릅니다. 그러나 궁정문화와 함께 찬란하게 빛났던 유럽의 실버웨어는 시민혁명이나 제1차 및 제2차 세계대전과 같은 크고 작은 전쟁으로 인해 유실되거나 훼손되는 슬픈 운명을 맞이하게 됩니다.

영국 실버웨어는 어떻게 살아남았을까?

그러나 영국은 달랐습니다. 제1차 및 제2차 세계대전으로 폭격받은 유럽 대륙과는 달리 영국은 크게 지장받지 않았으며 역사상 큰 유혈사태도 없었습니다. 장미전쟁이나 찰스 1세의 처형 그리고 명예혁명 등 크고 작은 역사적 사건 속에서도 영국은 무사히 종교개혁과 근대화를 이루었습니다. 그리고 산업혁명과 함께 자본주의 사회로도 무사히 당도하였습니다.

그래서 실버웨어뿐만 아니라 가구나 도자기 그리고 액세서리 등 실생활에서 쓰이는 다양한 물건들을 영국 앤티크 마켓만 가도 많이 볼 수 있습니다. 전 세계에서 앤티크 경매나 거래가 활발한 나라 또한 단연 영국입니다.

상류층의 실버웨어와 미들 클래스에게 확산된 실버웨어

왕족과 귀족제도 또한 실버웨어가 남아 있는 이유 중 하나라고 볼 수 있습니다. 실버웨어를 사용했던 이들은 바로 왕족과 귀족입니다. 계급이 존재했기 때문에 실버웨어도 존재할 수 있었습니다. 왕족과 귀족의 생활 속에 깊숙이 침투해 있던 실버웨어는 그 귀족 체제가 지속되면서 계급은 세습되고 실버웨어는 가보로서 계승되었습니다.

이후, 영국의 실버웨어는 미들 클래스로 확산되었습니다. 신항로 개척과 함께 산업혁명으로 발전한 영국에서는 상공업과 무역업 및 식민지 사업 등으로 부유해진 사람들 즉, 부르주아가 점차 늘어났습니다. 부르주아Bourgeois는 성벽 안에서 종사하는 상공업자를 가리키는 독일어의 부르가Bürger에서 유래한 단어로, 이들이 바로 영국의 미들 클래스입니다. 1850년에 이르러서는 영국 전체인구의 약 20% 이상을 차지할 정도로 그 수가 늘어난 계층입니다. 이들은 부를 축적하여 안정적인 삶에 정착하면서부터 귀족과 같은 생활을 영위하고 싶어했습니다. 그래서 귀족들의 일상생활부터 패션, 인테리어 등을 모방하기 시작했습니다.

실버웨어도 그중 하나였습니다. 귀족들이 사용하는 실버웨어로 세팅된 디너와 티타임을 꿈꾸며 사들이기 시작했습니다. 이러한 미들 클래스의 횡보는 그들의 욕구를 충족시켜주었으며 영국 실버웨어의 문화를 발전시켰습니다. 그리고 무수히 많은 실버웨어가 지금까지도 영국에 남아 있는 이유 중 하나라고도 볼 수 있습니다.

예술 양식과 만난 실버웨어

마음에 드는 실버웨어를 하나 사서 수시로 사용해보세요. 그리고 사용할 때마다 천천히 살펴보는 겁니다. 저 또한 이렇게 하나둘씩 모아 사용하면서 실버웨어의 매력에 빠져들었고 실버웨어의 세계가 궁금해졌습니다. 이 궁금증을 해결하기 위해 찾다 보니, 여러 예술양식이 실버웨어 속에서 번성했다는 점에 다가갈 수 있었습니다.

유럽의 예술 양식은 영국 실버웨어에 많은 영향을 끼쳤습니다. 물론, 하나의 예술 양식이 특정 시대에 인기를 끌더라도 그 예술 양식이 칼로 자르듯 끝나고 다른 예술 양식이 인기를 끄는 것은 아닙니다. 패션에도 유행이 있습니다. 그러나 누구나 유행하는 옷만 입고 유행하는 옷만 제작되고 판매하진 않습니다. 유행하는 스타일 외에도 언제나 다른 스타일도 공존한다는 뜻입니다. 실버웨어의 세계에서도 마찬가지입니다. 언제나 여러 예술 양식의 실버웨어가 같은 시대에 공존해 있었고 그 양식은 재탄생되기도 했습니다. 고딕 리바이벌, 로코코 리바이벌처럼 말이죠.

영국의 실버웨어는 찰스 2세 전후로 크게 나눕니다. 이전까지는 은은 주로 장식품 제작에 쓰였으며 신고전주의Neo-classicism가 인기를 끄는 1700년 중후반까지는 앤티크의 가치에 대한 인식이 크게 없었습니다. 그래서 유행이 지나면 녹여서 다른 디자인으로 제작되었기 때문에, 그 이전의 실버웨어를 만나보기는 어려운 편입니다.

이전까지 독일과 네덜란드에 영향을 받았던 영국의 실버웨어는 1700년대 조지앙 시대 *가 열리면서 새로운 모습으로 탈바꿈하였습니다. 조지앙 시대 초기에는 로코코Rococo 양식이 주를 이루면서 실버웨어에 많은 영향을 주었습니다. 그러나 그것도 잠시, 로코코 양식은 조지앙 시대 중기부터 등장한 신고전주의 양식으로 인해 저물어갔습니다.

신고전주의 양식은 1750년대에 이탈리아에서 고대 로마의 유적지인 헤르쿨라네움Herculaneum과 폼페이Pompeii가 발굴되면서 시작되었습니다. 당시, 런던에서 출발하여 프랑스를 거쳐 르네상스의 발상지인 이탈리아를 여행하는 그랜드 투어가 귀족들 사이에서 성행했습니다. 그랜드 투어

---

* 조지앙 시대1714-1830는 초·중·후기로 나뉘며 조지1세부터 조지 4세의 통치기간 또는 넓게는 윌리엄4세 통치기간까지를 가리킵니다.

Grand Tour에서는 고대 유적을 살펴보며 다시 과거의 가치 등을 되새겨보자는 사상이 전파되었고 이는 신고전주의 양식의 시작이었습니다.

조지앙 시대가 막을 내리고 빅토리아 시대에 접어들면서 영국은 산업혁명과 1851년 런던에서 열린 박람회로 찬란한 시선을 한 몸에 받으며 성장했습니다. 또한, 북미와 오스트레일리아에서 대규모 은광이 발견되면서 은의 수요가 풍족해졌습니다.

이제 실버웨어는 실생활에 쓰이는 필기도구나 액자, 브러시 등과 같은 가정용품까지 확대되어 만들어졌습니다. 또한 미들 클래스를 겨냥한 실버웨어는 대량 또는 정해진 패턴으로만 생산하는 상업적 방식으로 변화하기 시작했습니다.

그러나 시장이 확대되었음에도 실버웨어 디자인은 여전히 과거의 디자인을 고수하거나 부활 또는 혼합되어 사용되었습니다. 거기에 기계화와 대량생산에 잊혀 가는 수공예와 크래프트맨십을 우려한 윌리엄 모리스William Morris, 1834-1896로 인해 미술공예운동Arts and Crafts Movement이 일어났습니다. 그 영향은 영국을 시작으로 유럽 각지로 퍼져나가며 20세기를 향한 새로운 디자인으로의 횡보를 부추겼습니다.

또한, 아치 볼트 녹스Archibald knox, 1864-1933가 대표 디자이너로서 일한 리버티Liberty&Co, 1843-1917 등이 영국 실버웨어에 새로운 바람을 불어넣었습니다.

프랑스에서 탄생한 아르누보^{Art nouveau}양식은 불필요한 장식에서 벗어나 식물과 곡선을 이용한 디자인으로 1880년부터 1900년대 초반까지 주목받았습니다. 그리고 1925년 파리에서 열린 박람회에서 새롭게 내세운 아르데코^{Art deco} 양식으로 아르누보에 이어 한번 더 프랑스에서 새로운 예술양식을 선보였습니다. 아르데코는 단숨에 디자인의 중심으로 자리를 잡았고 그 영향으로 실버웨어 또한 모더니즘^{Modernism}으로 정착해갔습니다.

2019.06. 빅토리아&알버트 박물관.

박물관에 전시되어 있는 영국 실버웨어.

빅토리아&알버트 박물관.

한쪽 벽면에 실버 차도구가 가득합니다.

빅토리아&알버트 박물관.

바로크 양식의 장식품.

빅토리아&알버트 박물관.

신고전주의 양식의 티포트.
스파우트와 핸들 그리고
라이언 모티브가 강한 인상을 줍니다.

실버웨어의 가장 큰 공통점은 상당수의 디자인이 자연에서 영감을 받았다는 점입니다. 캐디 스푼의 초기 디자인이 '셸=조개껍데기'였다는 사실만 봐도 알 수 있습니다. 독수리 모양으로 만든 티포트 뚜껑의 손잡이나 사자의 발톱을 본떠 만든 트레이의 발 부분, 새의 부리 모양을 본떠 만든 밀크저그 그리고 플랫웨어에서 보이는 꽃이나 식물의 모티브가 대표적인 예입니다.

하나하나 해머로 두들겨 만든 티스푼, 정교하고 섬세하게 아름다움을 새긴 티포트, 머나먼 바다에서 온 오색빛깔 마더 오브 펄과 은이 만나 만들어진 포크와 나이프 등. 100년, 아니 그 이상 오랫동안 사랑받아온 실버웨어를 아직도 사용할 수 있다는 것은 생각만으로도 가슴이 벅차오르는 일입니다.

영국 실버웨어의 스타일

영국은 실버웨어 외에도 가구, 인테리어 등 많은 분야에서 예술 양식의 영향을 받았으나, 국왕의 통치 시기에 따라 스타일을 구분하기도 합니다. 예술 양식이 혼합된 시기도 있었으며 여러 번 변화하거나 통치 기간의 직전과 직후에도 계속 지속된 예술 양식도 있습니다. 그러므로 영국 실버웨어 스타일의 명명은 하나의 스타일만을 가리키는 것이 아니기 때문에 정확하지는 않습니다. 참고용으로 간단히 정리해보았습니다.

디자인 양식		역대 국왕(재임기간)	영국 실버웨어 스타일
르네상스	바로크 (1630–1750)	찰스 1세(1625–49) 크롬웰(1649–60) 찰스 2세(1660–85) 제임스 2세(1685–88)	캐롤라인 스타일 (리스토레이션)
		윌리엄&메리 2세 (1689–02)	윌리엄&메리 스타일
시누아즈리		앤(1702–14)	퀸 앤 스타일
		조지 1세(1714–27)	조지앙 스타일
로코코(1730–50)		조지 2세(1727–60)	
신고전주의(1750–05) / 고딕 리바이벌(1750–70)		조지 3세(1760–20)	
리젠시(1811–30)	앙피르(1804–70)	조지 4세(1820–30) 윌리엄 4세(1830–37)	리젠시 스타일
에클렉틱(1830–80) 아트&크래프트 (1870–1900)	아르누보 (1880–20)	빅토리아(1837–01)	빅토리안 스타일
아르데코(1920–40)		에드워드 7세(1901–10)	에드워디안 스타일

Antique Silverware

06

위그노(HUGUENOT)
이야기

위그노, 그들은 누구인가?

18세기경 영국 실버스미스 목록에는 '위그노 실버스미스Huguenot Silversmith' 라는 단어가 비교적 많이 보입니다. '따로 위그노 실버스미스라고 구분해 둔 이유가 무엇일까?' 하고 갸우뚱하게 만듭니다. 심지어, 프랑스어인 위 그노Huguenot + 영어인 실버스미스Silversmith 조합? 뿐만 아닙니다. 일반적으 로 실버스미스가 주로 제작했던 물건이나 활동했던 시기 등을 간략하게 설명하지만, 위그노 실버스미스는 'Very important Huguenot silversmith' 이라고 중요한 사람으로 묘사하고 있습니다.

위그노, 그들은 누구일까요?

위그노는 독일어 Eidgenosse동맹자에서 유래한 것으로 프랑스의 칼뱅파 프로테스탄트 신도를 가리킵니다. 위그노는 1685년에 프랑스에서 도망 치듯 탈출해 영국 런던 낯선 땅으로 향했습니다. 그리고 영국 실버웨어 역사에서 가장 주목받는 시기인 1600년대 후반부터 1700년대 중반에 영 국 실버스미스에게는 볼 수 없었던 위그노만의 기술과 표현법으로 새로 운 스타일의 실버웨어를 등장시켰습니다. 위그노 실버스미스의 행보는 영국 실버웨어 역사에 큰 획을 그었을 뿐만 아니라 완전히 뒤바꾸어놓았 다고 해도 과언이 아닙니다. 그들은 어째서 영국으로 향했으며 어떻게 영국 실버스미스의 대열에 오를 수 있었을까요?

그들은 어째서 조국을 떠났을까?

강대했던 로마제국이 동서로 분열되면서 기독교는 서방과 동방으로 나뉘었습니다. 이 중 서방교회는 로마 가톨릭으로 불렸습니다. 로마 가톨릭의 교황은 중세 유럽의 권력을 차지하면서 각국의 왕보다 더 강력한 권세를 자랑했습니다. 모든 결정권을 쥐고 있었다고 말할 수 있을 정도로 교황은 거대한 존재였습니다. 가톨릭에서는 교황의 말은 신의 뜻을 대신 전달하는 것이라고 믿었기 때문입니다.

그러나 교황의 막강한 권력과 면죄부 그리고 부패 등이 문제가 되었고 이를 문제 삼아 지금의 독일에서 반기를 들었습니다. 이렇게 종교개혁은 시작됐습니다. 처음에는 독일의 마르틴 루터의 루터파, 두 번째는 스위스 제네바에서 종교개혁을 펼친 프랑스인인 장 칼뱅의 칼뱅파가 등장했습니다. 이들은 로마 가톨릭에 항의^{Protest}하는 사람들이라 하여 프로테스탄트^{Protestant} 즉, 신교 또는 개신교라고 불렸습니다.

프로테스탄트는 오로지 성서로만 신의 뜻을 헤아릴 수 있다고 믿었기 때문에 가톨릭의 교황을 부정하는 입장이었습니다. 그중 칼뱅파는 부를 쌓는 것은 신의 은혜이며, 직업도 신이 내린 천직으로 여겼습니다. 직업을 갖고 열심히 일해서 부를 쌓는 직업 소명과 영리 추구를 교리로 삼았습니다. 그래서 칼뱅파의 따랐던 사람들은 주로 자본을 축적한 부르주아 계층이거나 상업에 종사하는 이들이었으며, 이러한 교리는 이후 금융업이 발달할 수 있는 계기 중의 하나이기도 했습니다.

프랑스에서는 프랑수아 2세François II. 재임 1559~1560부터 샤를 9세Charles IX. 재임 1560~1574와 앙리 3세Henri III. 재임 1574~1589 그리고 앙리 4세Henri IV. 1589~1610 시대까지 40여 년에 걸친 종교대립이 이어졌습니다. 가톨릭을 국교로 여기는 프랑스 왕권과 종교의 자유를 향한 신교도의 처절한 싸움이 시작된 겁니다.

구교인 가톨릭과 신교인 위그노는 프랑스에서 기약 없는 전쟁을 계속 치러야만 했습니다. 죽고 죽이는 잔인무도함은 갈수록 극에 달했습니다. 1572년에 일어난 성 바르톨로메오 축일의 대학살이 대표적인 예입니다. 성 바르톨로메오 축일은 후에 부르봉 왕조의 시조가 되는 앙리 4세와 카트린 드 메디치의 딸인 마르그리트 드 발루아Marguerite de Valois와의 결혼식 날이었습니다. 위그노였던 나바르의 왕 앙리와 가톨릭인 마르그리트 공주를 축하하기 위해 위그노들이 파리로 모였습니다. 이때를 틈타 위그노를 향한 구교도의 학살이 시작되었습니다. 며칠 만에 몇천 명의 위그노가 살해당했고 학살은 파리를 시작으로 점차 확대되어, 수십만 명이 살해된 것으로 추정하고 있습니다.

구교도와 신교도의 전쟁이 종결된 것은 위그노였던 앙리 4세가 가톨릭으로 개종한 후 낭트 칙령Édit de Nantes, 1598을 선언하면서 마무리되었습니다. 낭트 칙령은 프랑스에서 신교도에 대한 어느 정도의 자유를 준 칙령으로 위그노에게는 단비와 같은 것이었습니다.

그러나 후에 루이 14세가 낭트 칙령을 폐지한다는 내용의 퐁텐블로 칙령Édit de Fontainebleau, 1685을 발표하여 위그노는 또다시 종교의 자유를 억압받게 됩니다. 위그노는 조국에서는 더 이상 종교의 자유를 누릴 수 없다고 판단하였습니다. 이에 따라 위그노의 절반 정도라고 추정하는 최소 15만 명에 달하는 인구가 루이 14세를 피해 도망치듯 프랑스를 떠나게 되었습니다. 종교의 자유를 찾아 떠난 이들은 독일로 약 4만 명, 네덜란드로 약 5만 명, 스위스로 약 2만 명, 그리고 영국으로 약 4만 명이 망명하였습니다.

주변 국가인 독일과 네덜란드 그리고 영국에서는 위그노의 망명을 대환영하였습니다. 망명을 결심한 위그노 중에는 건축가를 시작으로 궁정 화가나 베르사유 궁전 내에 가구를 납품한 가구 제작자 그리고 프랑스 여성들의 아름답고 우아한 드레스를 만드는 실크 제작자 등 프랑스에서 주로 상공업에 종사하는 사람들과 베르사유 궁전의 안과 밖을 가꾼 이들이 포함되어 있었기 때문입니다.

프랑스의 베르사유 궁전은 루이 14세의 정치적 포부가 그대로 담긴 듯한 거대한 건물과 끝이 보이지 않을 정도로 드넓은 정원으로 이루어진 바로크Baroque 양식의 대표적인 건축물입니다. 음악과 미술 등 예술 분야에도 관심이 많았던 루이 14세가 주축이 되어 아름답게 지어진 베르사유 궁전은 당시 전 유럽 국가가 갈망하는 곳이었습니다. 이 베르사유 궁전을 아름답게 탄생시킨 직인들이 바로, 위그노입니다.

이들이 프랑스를 몰래 빠져나와 대거 망명한 것은 프랑스에는 경제적으로 큰 타격이지만 이웃 나라는 절호의 기회였습니다. 타고난 미적 감각과 기술력을 받아들임으로써 얻게 되는 경제적 이점까지 생각한다면 위그노는 난민 그 이상의 존재였습니다. 거기에 새롭게 떠오르는 금융업에 종사하는 사람까지 망명했으니 이들은 그야말로 엘리트 집단이었습니다.

프랑스 주변 국가들은 위그노를 수용하고 빠르게 정착할 수 있도록 생활 환경을 제공하고 금전적 지원을 아끼지 않았습니다. 그 결과 위그노가 망명하여 간 곳은 유대인과 마찬가지로 실로 경제적인 큰 이점을 얻게 되었습니다. 대표적으로 지금까지도 세계 최고 수준의 시계 산업을 보유하고 있는 스위스가 있습니다. 스위스로 망명한 위그노 중 금속을 다루는데 뛰어난 직인들이 스위스 시계업에 종사하게 된 것이 그 배경입니다. 또한, 독일로 망명한 위그노 중에는 무기나 대포를 만드는 직인들이 있었으며 그들의 후손이 바로 제1차 및 2차 세계대전에서 강력한 무기를 만들기도 하였습니다. 건축가나 수학자, 금융업계에서 손꼽히는 인물 중에도 위그노의 후손이 존재했습니다.

2019. 06. 프랑스 파리.

루브르 박물관 앞에 세워진 루이 14세 동상.
호전적인 그의 성향이 느껴집니다.

영국에서의 위그노

망명하는 위그노 중에는 실버스미스도 있었습니다. 하지만 위그노가 망명한 것이 이때가 처음은 아닙니다. 낭트 칙령 폐지 이전에도 프랑스 실버스미스였던 피에르 아라슈Pierre Harache처럼 신교의 박해로 인해 많은 위그노가 망명하였습니다.

그리고 영국에서 1688년 명예혁명이 일어난 후에는 더 많은 위그노가 런던을 향했습니다. 메리 2세&윌리엄 3세가 공동 왕위를 계승하면서 영국의 국교가 다시 개신교로 바뀌었고 위그노에게는 영국이 희망의 땅이 되었기 때문입니다. 네덜란드로 망명했던 위그노도 윌리엄 3세를 따라 영국으로 발길을 옮겼고 프랑스에서도 많은 위그노가 개신교 국가로 거듭난 영국으로 가기 위해 망명길에 올랐습니다.

영국에 도착한 위그노 실버스미스는 어떤 역사를 남겼을까요?

차가운 시선과 함께 위그노에게 고난의 길이 펼쳐졌다

고국을 떠나 낯선 환경으로 온 위그노 실버스미스, 그들에게는 종교의 자유가 허락되는 대신 또 다른 시련이 기다리고 있었습니다. 그것은 바로 영국 실버스미스들의 차가운 시선과 외국인 실버스미스에 대한 거부였습니다.

영국 실버스미스들은 경계할 수밖에 없었습니다. 그들의 상대는 다름 아닌 뛰어난 기술과 유행을 선도하는 선진국인 프랑스에서 온 실버스미스였기 때문입니다. 영국 실버스미스에게 위그노 실버스미스는 경쟁의 대상이었고, 위그노 실버스미스가 활동할 수 없게 막는 것이 그들에게 유일한 방법이자 효과적인 견제였습니다. 골드&실버스미스 길드에서는 외국인 실버스미스는 조합에 가입할 수 없다는 조건을 내세웁니다. 그들이 자신들의 자리를 빼앗지 못하도록 봉쇄해버린 것입니다.

위그노가 루이 14세 명령에 따라 고용된 용기병을 피해 고심 끝에 망명 길에 올랐을 때는 그들은 선택의 길이 없었습니다. 모든 행동은 오직 종교의 자유를 누리며 살기 위함이었습니다. 그 길은 아마도 우리가 드라마의 한 장면처럼 전쟁을 피해서 고향을 뒤로한 채, 숨죽이며 떠나는 피난민 행렬과 유사했을 겁니다. 그렇게 희망의 땅에 도착했지만, 그들은 아이러니하게도 자신들의 뛰어난 능력 때문에 강력한 힘을 자랑하는 길드로부터 배제당해, 그 어떤 일도 할 수가 없었습니다.

하지만 영국 귀족들의 생각은 달랐습니다. 루이 14세 시대에 편찬된 프랑스 대법전으로 인해 프랑스어가 완전히 구현되면서 프랑스 문화는 베르사유 궁전과 함께 더욱더 유럽 문화의 상징이 되었습니다. 그러므로 당시 유럽의 왕실과 귀족들이 프랑스어를 구사할 수 있는 것은 기본 소양이었습니다. 영국 귀족들은 프랑스 문화에 깊은 관심을 두고 있었지만, 섬나라라는 지리적인 문제와 영국–프랑스의 정치적 갈등까지 겹쳐 있어, 프랑스의 유행을 접할 기회가 없었습니다. 하지만 프랑스 문화를 꽃피운 그들이 지금 바로 런던에 있다는 사실, 위그노의 존재는 영국 귀족들에게는 반가운 소식이었을 겁니다.

귀족들은 위그노가 만든 실버웨어에 관심을 보이기 시작했습니다. 위그노의 기술과 재능을 긍정적으로 보는 영국 실버스미스들도 하나둘씩 모습을 드러냅니다. 이렇게 주목받은 위그노 실버스미스들은 영국 실버스미스의 도제로서 활동하기 시작했습니다. 비록, 자신의 이름을 내세우며 활동할 수는 없었지만, 위그노만의 아름다운 실버웨어를 선보입니다.

17세기부터 18세기 초반까지 영국 실버웨어는 많은 변화를 겪습니다. 1600년대 초반 크롬웰Oliver Cromwell의 통치 기간에는 불안정한 경제 상황을 고려하여 심플한 형태와 장식이 최소화된 실버웨어만이 제작되었습니다. 이후 찰스 2세의 왕정복고 * 와 함께 실버웨어 제작 기술과 장식은 조금씩 정교하고 사치스러워졌습니다. 그에 비해 17세기 후반부터 등장한 위그노 실버스미스의 실버웨어는 단순한 형태를 특징으로 하지만 장식은 강하게 부각하고 정교함을 추구했습니다. 특히 위그노 실버스미스의 컷-카드Cut-card 기술은 기존 영국 실버스미스의 컷-카드 기술보다 더 정교했을 뿐만 아니라 더 까다롭고 숙련된 기술을 필요로 했습니다.

---

* 청교도 혁명이후, 찰스 2세가 의회의 지지를 얻어 왕위에 오르게 되었고, 군주제가 부활된 일을 말합니다.

빅토리아&알버트 박물관.

위그노 실버스미스 덕분에
로코코 양식의 실버웨어를
영국에서 만나볼 수 있습니다.

이 2가지 스타일은 공존하면서 서로의 디자인 감각과 기술을 터득하고
동화되기까지 많은 시간이 걸렸습니다. 그리고 비로소 1730년대에 영국
실버웨어 역사상 가장 손꼽히며 높게 평가받는 폴 드 라메리 Paul de Lamerie,
1688~1751 가 등장하면서 영국의 실버웨어 역사는 화려한 새 막을 열었습니
다.

라메리 스타일과 위그노의 위업

폴 드 라메리가 주목받는 이유 중 하나는 바로 로코코 양식의 실버웨어입니다. 웅장하고 강렬한 남성적 이미지를 지닌 바로크 양식에서 벗어난 것이 로코코 양식입니다.

부드럽게 넘실거리는 듯한 곡선미와 좌우 비대칭, 여성적 이미지를 나타낸 양식으로 유럽 대륙은 물론 러시아에서까지 꽃을 피운 예술 양식입니다.

영국 실버웨어를 화려한 로로코 양식으로 장식한 폴 드 라메리는 프랑스에서 네덜란드를 거쳐 온 위그노 2세입니다. 그가 만든 실버웨어는 '라메리 스타일 = 로코코 양식'이라는 동의어로 말할 정도로 영국 실버웨어에 로코코 양식을 선보였습니다.

영국 실버웨어에서 로코코 디자인을 쉽게 찾아볼 수 있는 것도 피에르 아라슈나 폴 크레스팡 Paul Crespin과 같은 1세대 위그노 실버스미스들과 폴 드 라메리와 같은 후손들이 존재했기 때문입니다.

위그노 실버스미스의 등장은 영국의 기존 실버웨어를 소멸시키고 온전히 위그노 스타일로만 창조해낸 것은 아닙니다. 초기에는 함께 공존하였고 후에는 융합되었습니다. 그리고 위그노 실버스미스는 영국 실버스미스가 시도조차 하지 않았던 기술과 방식으로 기존 은공예의 한계를 뛰어넘은 것입니다.

낭트 칙령이 폐지되지 않고 위그노가 망명하지 않았다면 영국에 로코코 양식의 실버웨어가 존재했을까요? 대륙보다 늦게 섬나라인 영국으로 전해져 제작되기는 했을 겁니다.

그러나 공예라는 것은 타고난 손재주도 중요하지만 남다른 감각과 기술을 필요로 합니다. 보고 흉내를 낼 순 있어도 완성된 제품에서 느껴지는 그 깊이감은 다를 수밖에 없습니다.

영국에서 실버웨어에 꽃을 피운 위그노에게는 험난했던 시간과 고난의 역사가 있습니다. 그들 덕분에 우리는 녹아 사라져버린 프랑스의 실버웨어가 아니라 오랜 세월을 잘 견뎌낸 아름다운 영국 실버웨어를 만날 수 있다고 생각합니다.

빅토리아&알버트 박물관.

중앙과 우측의 실버 티 캐니스터 모두 폴 드 라메리의 작품.

빅토리아&알버트 박물관.

은으로 만든 트레이, 티포트, 슈가 볼.
스푼 트레이에 슈가 니퍼와 모트 스푼도 놓여 있습니다.
1700년대 초기에는 찻잔과 잔 받침도 은으로 제작되었습니다.
은으로 차 도구를 만들기 시작한 것도 위그노 실버스미스였다고 합니다.

Part 4

Antique Silverware

차와 실버웨어의 이모저모

티타임에 쓰이는 앤티크 실버웨어 이야기

영국 스털링 실버 티포트에는 몸체와 뚜껑,
뚜껑손잡이 그리고 핸들에도 실버 홀마크가 새겨져 있습니다.
세월이 흘러 그 일부가 훼손되어도 영국 스털링 실버웨어라는 것을
알 수 있게 해두었다는 사실이 놀랍습니다.

Antique Silverware

01

차와 은에 관한 Q&A

Q1. 홍차를 우릴 때 점핑 현상이 정말 중요할까?

A1.

티포트에 찻잎을 넣고 뜨거운 물을 붓고 나면, 찻잎이 위아래로 움직이는 것을 볼 수 있습니다. 이것을 점핑 현상이라고 합니다. 홍차를 맛있게 우리는 법을 설명할 때 빠지지 않는 점핑 현상은 무엇 때문에 발생할까요? 이 점핑현상이 홍차를 우릴 때 정말 중요할까요?

차가 우러나는 과정을 자세히 살펴보면 다음과 같습니다.

1. 찻잎이 물을 흡수한다.
2. 티포트 하부에서 차가 서서히 우러난다.
3. 소량의 찻잎은 부유하여 상하로 움직인다.
4. 찻잎의 수용성 성분은 찻잎에 스며든 물과 만나 찻잎 밖으로 용출된다.

대부분 찻잎은 티포트 하부에서, 그리고 나머지 적은 양의 찻잎만이 위아래로 움직이며 우러납니다. 이러한 찻잎의 움직임을 대류 현상으로 설명하곤 합니다.

과연 점핑 현상이 대류 현상으로 인한 것이 맞을까요?

대류 현상이란 온도 차이로 발생한 밀도 차이로 인해 액체 또는 기체가 고온부에서 저온부로 이동하는 현상을 말합니다. 그렇다면 티포트 내에서 대류 현상이 일어나기 위해서는 티포트 상부와 하부의 온도 차이가 있어야 합니다.

온돌방을 따뜻하게 데운다고 가정해봅니다. 온돌 바닥에서 데워진 공기는 밀도가 낮아져 상부로 올라가고, 차가운 공기는 바닥으로 가라앉아 다시 온돌에 의해 데워집니다. 한 공간에 공기가 순환하기 때문에 충분한 온도 차이, 즉 밀도 차이가 발생해야 대류 현상이 일어난다는 의미입니다.

홍차를 우릴 때 $95{\sim}100\,°C$ 정도의 팔팔 끓인 물로 우리는 것이 일반적인 룰입니다. 그렇다면 이 물을 작은 티포트에 부었을 경우 과연 작은 티포트 안에서도 온도 차이가 있을 수 있을까요? 주전자에 물을 넣고 차를 끓인다면 대류 현상을 확인할 수 있지만, 끓인 물로 차를 우릴 경우 대류 현상때문에 찻잎이 움직인다고 보긴 어렵습니다. 그것도 극히 일부의 찻잎만이 말이죠.

그러므로 티포트 안에서 일어나는 찻잎의 움직임은, 티포트에 물을 부을 때 생기는 물의 흐름과 찻잎의 부력 변화가 조화롭게 일어날 때 생기는 현상으로 보는 것이 더 바람직하다고 생각합니다.

결국, 차의 맛에 영향을 주는 것은 점핑 현상이 아니라 양질의 차와 물의 온도 그리고 우리는 시간이 아닐까요?

Q2. 산소를 많이 함유한 신선한 물로 차를 우려야 한다?

A2.

물속의 산소의 양은 온도와 관련이 있습니다. 상온의 물이 팔팔 끓인 물보다 더 많은 산소를 함유하고 있습니다. 팔팔 끓인 물보다 온도가 낮기 때문입니다.

물의 온도가 높을수록 물에 녹아 있는 산소의 농도 즉, 용존 산소 Dissolved Oxygen는 감소합니다. 거의 '0'에 가까울 정도로 줄어듭니다. 팔팔 끓인 물은 용존 산소가 0에 가깝지만 식으면서 온도가 낮아지면 다시 공기 중의 산소를 흡수하여 용존 산소가 증가하게 됩니다.

산소를 많이 함유한 신선한 물을 사용해서 홍차를 우려야 점핑 현상이 잘 일어나고 차의 맛과 향에도 영향을 준다고 합니다. 그러나 과학적 이론으로 본다면 팔팔 끓인 물에는 용존 산소가 거의 존재하지 않습니다. 결국 차의 맛은 용존 산소와는 무관하다는 것입니다.

Q3. 물속의 산소가 기포를 만들고 그 기포의 부력으로 찻잎이 떠올라 상하 운동한다?

A3.

홍차를 우릴 때 자세히 살펴보면 찻잎에 기포가 한두 개씩 붙어 있는 것을 볼 수 있습니다. 흔히, 이것을 물속의 산소가 기포를 만들었다고 말합니다. 그러나 팔팔 끓인 물에는 용존 산소가 거의 없다고 설명해 드린 바와 같이 이 기포는 물속 산소가 만든 것이 아닙니다.

찻잎에 팔팔 끓인 물을 부었을 때 찻잎 표면에서 보이는 있는 기포는 바로 마른 찻잎의 기공에 채워져 있던 산소입니다. 찻잎이 물을 흡수하면서 기공에 있던 산소가 밀려 나와 육안으로 보이는 것으로, 물에 마른 스펀지를 넣고 지켜보면 똑같은 현상을 볼 수 있습니다.

Q4. 실버 스푼이 아이스크림에 잘 들어가는 이유는?

A4.

은으로 만든 아이스크림 스푼이 있다는 걸 알고 난 후, 정말 은으로 만들지 않은 물건이 없다고 느꼈습니다. 그런데 그 속에 놀라운 사실이 있습니다. 스테인리스 스푼보다 실버 스푼이 아이스크림을 떠먹을 때 훨씬 부드럽게 퍼진다는 사실입니다. 꽁꽁 얼어 있는 아이스크림임에도 말이죠.

이것은 바로 열전도율Thermal Conductivity 때문입니다. 열전도율이란 '열을 전달하는 정도'를 말합니다. 열전도율은 특정 물질이 갖는 고유의 물성[物性]으로 어떤 재료로 만드는가에 따라 열이 빠르게 전달되거나 혹은 느리게 전달된다고 볼 수 있습니다.

은의 열전도율은 다른 금속에 비해 높습니다. 같은 온도를 기준으로 보면 열전도율이 스테인리스보다 약 8배 정도 빠릅니다. 즉, 열이 8배 정도 더 빠르게 전달된다는 의미입니다.

금속	은(Silver)	구리(Copper)	니켈(Nickel)	스테인리스 (Stainless)
열전도율	421	394	98	53

– 비고: 100℃ 기준 〈출처 : Perry's handbook〉

아이스크림도 마찬가지입니다. 실버 스푼이 차가운 아이스크림에 닿아 빠르게 열을 잃게 되고, 손가락의 체온이 빠르게 전달되는 그 순간 맞닿은 표면의 아이스크림이 빠르게 녹기 때문입니다 그래서 실버 스푼이 더 부드럽게 들어가는 것이며, 은으로 만든 아이스크림 스푼이 있는 것도 바로 이러한 이유입니다.

그렇다면 갓 우린 뜨거운 차를 실버 티포트에 담았을 때는 어떻게 될까요? 실버 티포트가 잘 식지 않는다고 알려져 있지만 그렇지 않습니다. 도자기 티포트와 비교했을 경우 은이 차의 열을 빠르게 방출하기 때문에 실버 티포트가 더 빨리 식습니다.

Antique Silverware

02

실버웨어 관리법

아름다운 실버웨어가 변함없이 쭉 있어준다면 얼마나 좋을까요? 그러나 아쉽게도 은이 함유된 제품이라면 변색을 피할 수가 없습니다.

처음에는 노란색을, 그리고 천천히 어두워지면서 갈색을 띠지만 아주 오랫동안 방치하면 은빛이 흔적 없이 사라지고 검게 변해버립니다. 이것은 은이 가진 자연스러운 현상으로, 변색된 실버웨어를 좋아하는 사람이 있는가 하면 반짝반짝 빛나는 실버웨어를 좋아하는 사람도 있을 겁니다. 후자에 속하는 저 또한 변색을 최대한 줄이기 위해 항상 주의하는 편입니다.

실버웨어의 아름다움을 잘 유지하기 위해서는 어떻게 해야 할까요?

황화합물 또는 산소에 반응하는 은

은은 공기 중에 있는 황화합물과 산소에 반응합니다.

먼저, 은과 황화합물이 만나면 황화은이라는 것을 형성하게 되며 이것이 바로 변색의 시작입니다. 황화합물은 금이나 동에도 반응하는 물질로 자동차 배기가스나 달걀 등에 존재합니다. 그래서 실버웨어 보관 시, 고무줄로 고정하거나 묶는 것을 피하라고 하는 이유가 고무줄에도 황화합물이 있기 때문입니다. 이렇게 황화합물과 만나 갈색을 띠며 변색된 것을 타니쉬Tarnish 라고 합니다.

은과 산소가 만나면 황화합물과 마찬가지로 변색이 되지만 진행 속도는 아주 느립니다. 산소와 만나 변색된 것을 파티나 Patina 라고 하며, 파티나는 검고 짙은 녹청색을 띱니다. 파티나가 있는 실버웨어를 실제로 보면 반짝거리는 실버웨어와 다르게 또 다른 아름다움이 있습니다. 그래서 장기간 사용하지 않고 둔 실버웨어에서 볼 수 있는 특유의 푸른 빛을 띠는 파티나를 선호하는 분들도 많습니다.

반짝거리는 실버웨어를 만나고 싶다면?

변색된 실버웨어를 다시 되돌리는 방법은 실버웨어 전용 클리너를 사용하는 것입니다. 오래전 집사가 지문이 닳도록 힘들게 닦았던 방법은 은이 마모되거나 훼손되기도 했습니다. 지금은 실버웨어 클리너에 함유된 환원제還元劑가 원인이 되는 황을 제거하여 큰 손상 없이 은의 본래 색상으로 되돌려줍니다. 가정에서 쉽게 사용할 수 있는 실버웨어 클리너는 미세한 연마제가 함유된 장갑 형태로 쉽게 반짝거리는 실버웨어로 만들 수 있습니다. 단, 파티나를 띠는 실버웨어의 경우에는 조금 더 강력한 크림 형태의 실버웨어 클리너를 사용해야 합니다.

실버웨어가 변색되면 클리너를 사용하여 쉽게 반짝거리는 상태로 유지할 수 있지만, 은이 변색되는 것을 방지하는 것도 중요합니다. 은은 염도가 높은 음식이나 과일에 있는 산에도 반응하여 검은 반점을 띠기도 합니다. 그래서 되도록 사용 후 바로 씻어 물기를 닦아주는 것이 좋습니다. 달걀도 마찬가지입니다.

제가 가장 추천하는 방법은 매일, 그리고 되도록 자주 사용하는 겁니다. 자주 사용하면 할수록 오히려 실버웨어는 광택을 잃지 않습니다. 신기하리만큼 그대로 보관해둔 실버웨어보다 자주 사용하는 실버웨어가 더 빛납니다.

장기간 사용하지 않을 때는 공기와의 접촉을 줄이는 것이 중요합니다. 일반 가정에는 밀폐력이 좋고 뚜껑이 있는 상자에 보관하거나, 시중에 판매하는 변색방지제가 함유된 실버웨어 전용 보관커버에 넣어두는 것을 추천합니다. 그리고 정기적으로 클리너로 한 번씩 닦아준다면 은의 아름다운 광택을 유지하실 수 있습니다.

실버웨어 전용 클리너.

크림형태, 연마제와 광택제가 포함된
클로즈 등 다양한 종류의 실버웨어 전용 클리너.

TOWN TALK

POLISH CO LTD

ANTI-TARNISH
SILVER
POLISH

250ml ℮ 8.5 FL OZ

TOWN TALK

POLISH CO LTD

ANTI-TARNISH
SILVER FOAM

Sparkling Since